餐厅功能与美学设计

Restaurant Function and Aesthetic Design

西式餐厅

中式餐厅

日式餐厅

亲子主题餐厅

gaatii光体 黄滢 编著

重庆出版集团 重庆出版社

图书在版编目（CIP）数据

餐厅功能与美学设计 / gaatii光体, 黄滢编著. --
重庆 : 重庆出版社, 2022.7
ISBN 978-7-229-16791-2

Ⅰ. ①餐… Ⅱ. ①g… ②黄… Ⅲ. ①餐馆—室内装饰
设计 Ⅳ. ①TU247.3

中国版本图书馆CIP数据核字(2022)第068805号

餐厅功能与美学设计
CANTING GONGNENG YU MEIXUE SHEJI

gaatii光体　黄滢　编著

策　　划　　夏添　张跃
责任编辑　　张　跃
责任校对　　何建云

策划总监　　林诗健
编辑总监　　黄　滢
设计总监　　陈　挺
编　　辑　　柴靖君
设　　计　　林诗健

销售总监　　刘蓉蓉
邮　　箱　　1774936173@qq.com
网　　址　　www.gaatii.com

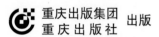
重庆出版集团
重庆出版社　出版

重庆市南岸区南滨路162号1幢　邮政编码：400061　http://www.cqph.com
佛山市华禹彩印有限公司印制
重庆出版集团图书发行有限公司发行
E-MAIL:fxchu@cqph.com　邮购电话：023-61520678
全国新华书店经销

开本：889mm×1194mm　1/16　印张：14.5
2022年7月第1版　2022年7月第1次印刷
ISBN 978-7-229-16791-2
定价：228.00元

如有印装质量问题，请向本集团图书发行有限公司调换：023-61520678

序

民以食为天！

在全世界范围内吃饭都是永恒需要解决的问题。餐饮行业不论是食材、菜品、用具或者餐厅店面形象的设计，在任何国家或地区都有需求。只是因为经济发展水平的差异，会呈现出不同的要求。贫穷，遭受战乱、灾祸的地区会以温饱的解决为主，而富足、安全、稳定的地区则会过渡到对味觉、环境、文化的体验上，这也是人们对美好生活向往的体现。

从社会发展的角度看，餐饮消费是一直处在不均匀的升级中，餐饮行业的竞争也一直都存在。做一家受欢迎的餐厅，不单要菜品出众、服务贴心、推广到位，还需要好的设计提升餐厅的赢利能力。

大气抢眼的门头能提升进店率；

合理动线布局能提高空间利用率，提升服务效率和质量；

独特的造型与视觉效果能打开餐厅的话题性，推动客人主动传播；

舒适的环境体验能够增加客人的好感度，提升口碑传播效应；

好的灯光设计，能增加用餐的食欲，并营造特定氛围；

创意的设计，能在放大空间效能的同时，为餐厅节省装修成本与日常运营成本。

设计就是生产力！

本书将从餐厅规划布局、动线设计和环境美学三个方面来展示当下的餐厅设计趋势。

好设计不但能省钱，还能赚钱！

一、新冠疫情后的餐厅变革

从 2020 年爆发的新冠疫情，持续时间长，感染率高，至 2021 年 10 月全球累计确诊约 2.4 亿人，死亡人数 480 万人。对全球经济造成了极大影响，导致世界经济秩序失衡进一步加剧，因疫情致贫、返困的人口将急剧上升，全球贫富差距进一步拉大，从而导致世界经济进一步分化、复苏难度也进一步上升。新冠病毒具有传染性强、相对低致死率、潜伏期长、潜伏期可传染等特点，造成了本次疫情持续时间长、隐藏危害大。新冠疫情对需要聚集人流的消费场所打击非常大，又以旅游、餐饮、酒店、文娱、交通等为代表。

中国新冠疫情防控做得极为出色，大部分人已经接种疫苗，也实现了经济情况的快速复苏，但仍有不时出现的零星病例，影响了人们的正常活动与经济发展。而且据专家说，新冠病毒很难消灭，可能会与人类长期共存。

新冠疫情带给餐饮业前所未有的打击，许多餐饮企业经营惨淡，面临生存问题。虽然在低风险地区，人们已经可以在餐厅正常用餐，但防范疫情的常态化，仍不可松懈。餐饮企业既要考虑提高运营绩效，又要保证客人安全用餐的问题。还没装修的店铺该如何让设计满足安全用餐的问题？已经装修好、在运营的餐厅如何以较小的代价重视餐厅改造，实现自我改善？设计师们提出了种种改进措施和建议。

① 轻装修、重设计

在疫情发生后，重度装修风险比较大，餐饮企业回本周期较长，所以新装修店铺应本着"轻装修、重设计"的原则，严格把控装修成本。

② 优化通风系统

考虑到新冠病毒可能会在空气中以气融胶等形式传播，室内的通风系统显得极为重要。保持室内良好的通风和换气。做好微循环，选用可杀菌系统进行过滤，保证空气循环的安全健康。

③ 增加消杀防护

对入店的消费者，除提供体温测量进行预防外，还可提供感应式免手洗消毒机器及烘干机。如果需要对客人外套或物品集中摆放的，还可设专门的消杀间，对物品进行消毒杀菌。

④ 保持安全距离

在新冠疫情之前，餐厅莫不是把提高坪效、提升出桌率、提高翻台率作为增加赢利的法宝。但在疫情发生后，人与人之间需要保持一定的安全距离，如一米距离。无论是排队，还是行走动线，或是桌与桌之间、人与人之间的距离，都不能像以前那样密集。这就会令室内安排的就餐座位减少，合理安排桌位摆位，提高就餐效率，增加翻台率，在设计之初就要纳入整体考量。比如客人之间背对背坐，比面对面坐更安全。主通道最好有 2 米以上宽。相邻座位间距离最好能在 1 米左右，面对面坐的客人中间有隔板会更安全。这些都需要在赢利与安全之间进行平衡、取舍。

⑤ 合理动线安排

合理化平面布局，动线上不但减少消费者在店内交叉行走，还要减少与服务人员的交叉接触。合理而高效的动线，能够以最少的人员保证服务的流畅性。

⑥ 增加免接触服务

研究每一个用餐环节，提供免接触服务。如扫码点餐、无接触上菜、扫码支付、无接触外卖等等。现在已经出现机器人餐厅，连做菜都可以由机器人完成，机器人还可以当服务员上菜，尽量减少人为的接触，避免感染的可能。

⑦ 提升外卖比重

要实现安全就餐距离，会导致店内就餐座位减少，必然会影响收入。餐厅要提高收益，除了合理提价外，还需开源节流。开源的最好方式是增加外卖比重，无接触式外卖受到越来越多城市消费者的认可，可以从扩大餐厅知名度、打造外卖爆款、增加下午茶套餐、提供便携式外卖等方式，提升外卖比重，为企业开源创收。

⑧ 厨房的安全健康也要更严格

采用明档厨房设计的餐厅，优化展示功能，注重操作过程的卫生安全。通过对菜品、烹饪现场的展示，让食客能最直观看到食材是否新鲜，以及烹饪过程是否健康卫生，能够刺激食客的消费信心。

内厨房的通风、消杀环节应设置得更严格。食材的安全、厨师的安全、服务人员的安全都需要综合考量。减少人员之间的接触，做好工作人员的防护，减少彼此间的接触，最大限度地提升厨房操作和出餐安全。

⑨ 养成良好的消杀及卫生习惯

经历了一次疫情，更多的人会注重身体健康，干净、卫生的餐厅更受欢迎。餐厅应执行严格的消毒程序。餐厅每日消毒 1 次，餐桌椅使用后进行消毒。餐具用品须高温消毒。操作间保持清洁干燥，严禁生食和熟食用品混用，避免肉类生食等，都要成为餐饮日常经营的重中之重。

以下是华空间针对餐厅做好新冠疫情防范提出来的改造方案，至今仍有很高的参考价值，特别把它推荐给读者。

借助他们一直在服务客户的实际店面进行重新梳理和设计改造，本着用最少的改造成本和花费最少的时间成本的原则，争取可以获得一个较为安全的就餐环境。

我们从以下四大点作为出发点，进行优化和调整。

（云味馆深圳大仟里店调整后的模型）

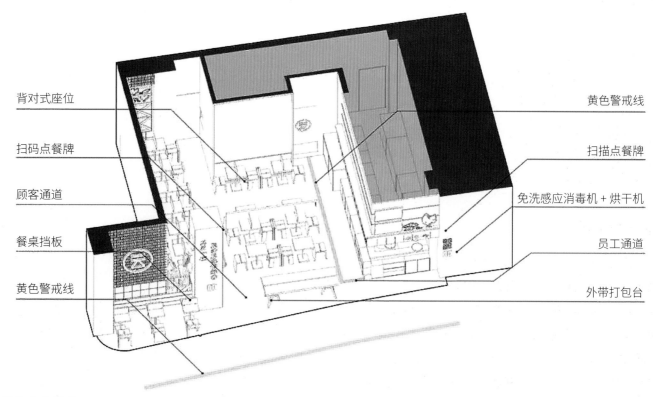

背对式座位
扫码点餐牌
顾客通道
餐桌挡板
黄色警戒线

黄色警戒线
扫描点餐牌
免洗感应消毒机 + 烘干机
员工通道
外带打包台

卫生安全防范

进店消毒

如有条件的餐饮店铺可在门口安装感应式免手洗消毒机器 + 烘干机及张贴标识，提醒顾客在进店前需要进行手部消毒，感应式的优势是可以零接触使用防止新冠病毒落在机器中，免手洗的好处在于解决了给排水问题，门口如果没有备用插座可以选择电池款。

营业店铺可利用此加强管控消毒能力，加强对外部防控，保障顾客和员工的安全。当然，也有城市要求进店测量体温，这取决于当地城市的防疫普及举措完善与否。

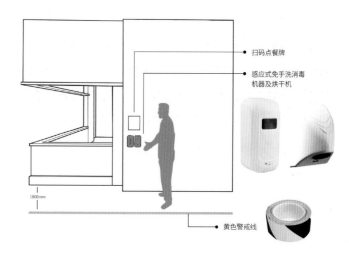

扫码点餐牌
感应免手洗消毒机器及烘干机
1800mm
黄色警戒线

餐饮店铺服务路径

在店门口粘贴黄线：利用黄色警戒线起到警示的作用，黄色警戒线可标示距离，排队的客人之间可保持在一米的距离，保障安全,减少感染机会,另外把顾客与员工直接强制隔开2米，防止顾客与员工之间传染新冠病毒。

过道布局

在人流动线上进行优化，减少店铺员工与顾客的接触点，减少交叉感染机会。员工的动线与客人的动线错开，尽最大可能减少与客人正面接触的机会，从而降低传染性。

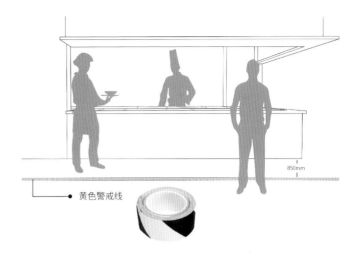

店门口可粘贴线上点单牌，客人提前点餐，另设外带区域和堂食动线规划。

餐厅平面布局改善

当企业开始陆续复工，用餐的刚需问题需要解决，而绝大多数店铺属半封闭空间，设计师考虑到顾客在店里就餐的安全防范问题，尽最大可能减少大的改动，从顾客体验的动线上做最大的优化，达到保障顾客和员工安全的目的。我们将店铺平面图进行调整，相对性减少四人座、增加一人座、背对式座位，以降低顾客用餐密度，从而保证顾客的安全。餐厅的半封闭式和人流密度大，让大家缺乏安全感和信任感，我们希望通过动线上的优化来保障就餐环境的安全性，尽最大的努力避免感染。

座位布局

利用挡板把面对面的客人隔开防止正面感染（每个成本约为10~50RMB）。（这是个临时应对分隔需求做的简易遮挡方案，现在很少有餐厅提出做挡板隔离，以免影响用餐交流和体验。但做一人食的餐厅仍然可以参考这种简易隔离的思路。）

过道留足2米，2米是人与人之间的安全距离。

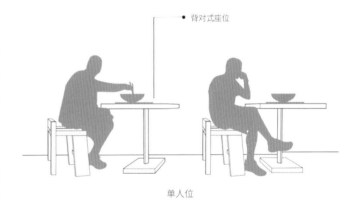

单人位

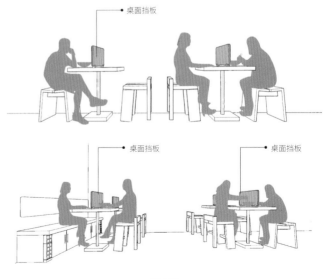

双人位

座位挡板节点说明

1. 面对面座位挡板形式（固定支架形式）

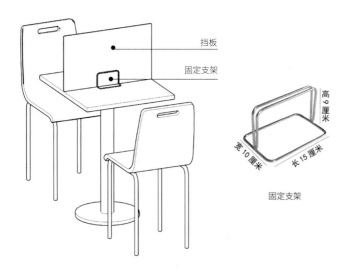

挡板

固定支架

宽10厘米　长15厘米　高9厘米

固定支架

2. 侧坐座位形式（固定支架形式）

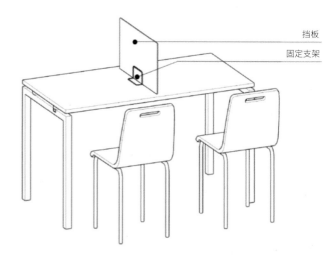

挡板

固定支架

3. 面对面座位挡板形式（角码固定形式）

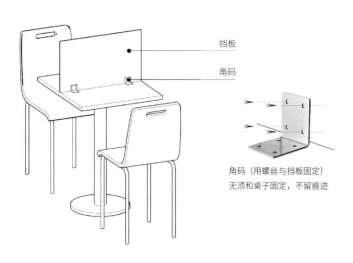

挡板

角码

角码（用螺丝与挡板固定）
无须和桌子固定，不留痕迹

4. 侧坐座位形式（角码固定形式）

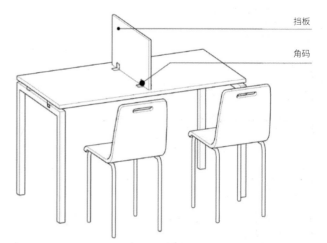

挡板

角码

5. 多人桌形式（角码固定形式）

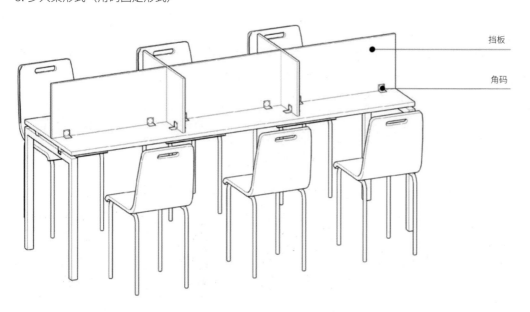

挡板

角码

华空间也将嘉旺深圳店的空间平面图进行调整，只选取了店铺原来的一半面积，采取将店内的桌子间距加大、桌子中间加隔板等优化措施，避免面对面接触。

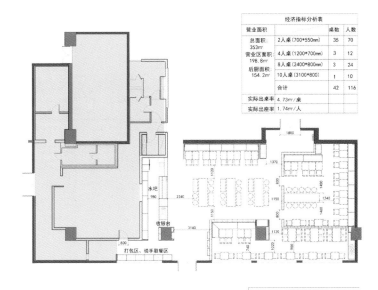

经济指标分析表			
营业面积		桌数	人数
总面积：353㎡	2人桌 (700*550mm)	35	70
营业区面积：198.8㎡	4人桌 (1200*700mm)	3	12
后厨面积：154.2㎡	8人桌 (2400*800mm)	3	24
	10人桌 (3100*800)	1	10
	合计	42	116
实际出桌率 4.73㎡/桌			
实际出座率 1.74㎡/人			

嘉旺深圳龙岗店调整前

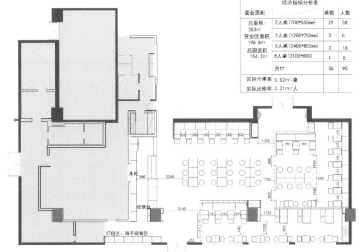

经济指标分析表			
营业面积		桌数	人数
总面积：353㎡	2人桌 (700*550mm)	29	58
营业区面积：198.8㎡	2人桌 (1200*700mm)	3	6
后厨面积：154.2㎡	6人桌 (2400*800mm)	3	18
	8人桌 (3100*800)	1	8
	合计	36	90
实际出桌率 5.52㎡/桌			
实际出座率 2.21㎡/人			

嘉旺深圳龙岗店调整后

外带服务

设计一个外带打包台在室外，外带的客人只需要在门口等候，无须进店，严格控制店内人数，防止感染。

扫码点餐牌　　外带打包台

餐厅内物料

疫情期间需要用到的相关物料，给予餐饮商家们使用，与大家一起共同战"疫"。

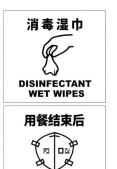

二、餐厅定位

餐厅设计的第一步不是想概念，想创意，而是要进行市场调研，确立餐厅的定位，制定系统的策略。

社会消费人群的不断迭代改变以及人群的多样性，是餐饮行业的需求、模式不断变化和多样化的根本原因。而定位没有标准答案，也不是一成不变的，这正是市场自由竞争的有趣之处，形式可以千变万化，创意不必墨守成规。

定位从来都是应需而变。网红餐厅的走红往往是满足了某种需求而被大家迅速认知，而能不能形成持久的生命力，则要在产品的品质、服务、供应链等环节上狠下功夫。

定位一家餐厅的经营特点、消费层级、消费人群等，不但需要业主有明确的认知，也需要设计师具备对餐厅功能、饮食文化，不同人群的需求、习惯、喜好以及各种美学调性的深度研究了解。

① 经营种类

世界范围内饮食的种类多样而丰富，根据餐厅所在地区人群结构的饮食习惯和该地区市场现有餐厅情况来分析潜在的需求，再做出定位选择十分有必要。

目前在市场上的主要菜系品种的大分类：

类别	
中餐	包含中国各个地区的菜系
西餐	包含美国、加拿大和法、英、德、意、西、俄等国家的菜系
日式料理	主要分本膳料理、怀石料理、会席料理等
韩国、朝鲜料理	两国同属一个菜系，主要包括烧烤、泡菜、泡饭、大酱汤、参鸡汤、狗肉、打糕等
东南亚菜系	包含泰国、越南、印度、印尼等东南亚国家的菜系
土耳其菜系	包括中亚、西亚、南亚及非洲等穆斯林国家的菜系
休闲简餐	主要是各种类型的沙拉、茶点、小吃等
素餐	以各种菜系的素食为主
快餐	主要分中式快餐和西式快餐

② 经营形式

通常可分为：堂食、定制、自助、外卖、24小时等。不同的经营形式，对应的功能配置、人员配置、空间规划、餐厅选址等要求都各不相同。

③ 目标客群

餐厅服务人群一般以周边2公里区域的客人为主要服务对象，外卖成为重要补充形式后，服务范围扩大到周边5公里。随着交通网络和工具的发展，还会有更远的客人前来消费，但餐厅周边3公里区域的客人是一家餐厅重要或核心收入来源。

所以餐厅选址很看重周边配套设施的人群定位。

校园——以学生和教职员工为主；

政府机构——以公务员和办事人员为主；

风景区——以游客为主；

医院区域——以病人、家属和医院工作人员为主；

商务CBD——以职场人员为主；

地区文化中心——以观众、工作人员为主；

住宅区——以家庭、朋友聚餐的客人为主；

购物中心及步行街——以各类型逛街、购物、游玩的人群为主。

目标客群的档次、消费水平往往决定了餐厅的档次和价格水平。选址只是第一步，经营者还要对目标消费群体有清晰的认知，才能提供合适的产品、价位、环境、服务。

西少爷肉夹馍，虽然是地方特色小吃，但品牌定位于中高收入年轻一代群体，所开店面主要在北京、深圳等大城市。本案位于北京，服务周边写字楼白领及游客。

雁舍APM，定位面向年轻人的新式湘菜。

资料提供：古鲁奇设计

④ 价格

价格定位，可以分为对产品定价、对客人定价、自我定价。

产品定价

计算模型有很多，这里介绍基本的几种：

1. 成本＋利润，叠加计算法。

2. 同类同档次竞品，比较定价法。

3. 分类计价法：引流菜品（低利润甚至亏本）、招牌菜品（正常利润）、标杆菜品（超常利润，锚定心理价位）分别定价，还可以推出套餐组合，以实现薄利多销。

4. 成本倒推法，预算每月的固定成本、流动成本，核算出收支平衡点，再加一定比例的利润，就是价格。

消费定价

通过分析核心消费群的消费力、消费心理、消费习惯，再比较竞品的价格，结合自己的经营模式，对客人有了清晰的认知，再算平均客单价。针对这个客单价，设计菜品类型、分量、套餐组合。

自我定价

不随市场大潮走，也不被竞品价格干扰，自己给自己一个心理定价。

宋·川菜，从环境氛围的打造到价格都走高端路线，面向高端精英人群。

资料提供：共和都市设计

⑤ 档次

不同档次定位的餐厅，经营模式是不一样的。

高档定位

高端、稀缺型的餐厅，如顶级会所、高级私房菜，可能一间包房一天只招待一批客人，客单价必然高，那么提供的环境、菜品、服务等都要走高端路线才相匹配，而且客人的体验也是重中之重。全方位的设计与讲究，在客人进门的那一刻起，从眼耳鼻舌身意全方位感官都要有特定的体验。

大众型定位

大众型消费，主打性价比，除了要给客人无法拒绝的价格和满意的品质外，还要有足够的翻台率才能赢利。

为提高翻台率，经营的每一个环节都要向这个目标靠拢，通过提高效率、缩短时间、留住排队顾客达到，常用的方法有：

1. 利用科技手段，提高效率，缩短时间，比如扫码排队、扫码点餐、扫码结算、扫码开发票等。

2. 规定上餐时间，比如一些餐厅在客人点餐后摆上沙漏计时，提出"超过半小时不上菜免单"承诺，缩短客人等餐时间。

3. 用明亮的照明、播放快节奏的音乐，暗示客人加速进食，缩短用餐时间，提升翻台率。

4. 配置一定比例的高台高脚凳、硬桌硬座椅、小桌面窄椅子，让客人无法舒适久坐，从而缩短用餐时间，为下一拨客人腾位置。当然这种不舒适感也不能太强，客人一反感下次就不来了，所以要掌握平衡点。

5. 通过提供免费小食、茶水、报纸杂志、扑克牌等一系列服务让排队客人留下来，甚至还有免费擦鞋、免费做指甲、免费按摩等服务，让享受了的客人都不好意思离开。

⑥ 餐厅形象

对于年轻的消费人群来说，他们资讯丰富，眼界开阔，讲究个性化，追求新鲜感，要打动他们，不只要食品口感好，还要有颜值、有趣、有故事。所以餐厅打造合适的品牌形象也非常有必要。

品牌定位

包括品牌名称、LOGO、店铺形象、菜单、餐厅用品、外卖物料、网站等等，这些都是现代做餐厅的基本套路。而有文化的品牌更有生命力，能够创造出更多内容向食客分享，时间越久沉淀得越深厚。

所以打造餐厅品牌形象时，寻找确定文化的内核，也会更好地建立明确风格和调性。

米其林三星主厨 Christopher Kostow 在深圳开设的高端餐厅 Ensue，图为 VIP 包间。
资料提供：CHRIS SHAO STUDIO

海底捞西安印象城店，以极致的简约打造平静的舒适感。
资料提供：汤物臣·肯文创意集团

品牌设计

很多新手餐厅老板在找室内设计师时，往往只有一个店名，如果从整体设计的角度来说，平面设计师和室内设计师最好能同步到位。平面设计涉及门牌、指示牌、形象墙、餐厅物料等的设计制作。室内设计则涉及餐厅的整体布局、空间造型、材料应用等。而这两者往往是可以相互影响的，只有做到完整统一，才会给客人提供一致的体验，才会留下更好的体验感。

一个完整的餐厅品牌设计应包括理念识别（MI）、行为规范（BI）、视觉设计（VI）三个部分。

理念识别（MI）主要包括：企业精神、企业价值观、经营宗旨、经营方针、市场定位、产业构成、组织体制、社会责任和发展规划等。

行为规范（BI）主要包括：企业内部组织制度、管理规范、行为规范等；企业对外的市场开拓调查、产品研发、营销活动、社会活动等。

视觉设计（VI）主要包括：店面设计、餐厅 LOGO、招牌、户外灯光形象、指示牌、菜单、名片、产品照片、海报、DM、餐巾纸、立牌、牙签盒、筷子及筷套、杯盘碗、杯垫、手提袋、墙身绘画或主题招贴画、外卖盒、服装、地垫、吉祥物、店徽、网站、自媒体、广告短片等。

餐厅 LOGO

超级一龙拉面餐厅 LOGO 形象
（设计：广州亚洲吃面公司）

三、餐厅动线

① 规划原则

动线是顾客、服务员、食品与器皿在餐厅内流动的方向和路线，合理的餐厅动线设计有助于营造空间的层次氛围，提高服务效率和质量，也有利于设备系统的运行和保养。动线规划应体现流畅、便利、安全、高效、互不干扰原则。

动线分类

餐厅的动线可分为以下4类：

顾客动线——优化用餐体验

服务动线——短路径，高效服务

后厨动线——安全、方便、高效

消防动线——无障碍、快速撤离

服务动线
_____

就餐动线
_____

消防动线
_____

后厨动线
_____

② 设计方法

餐厅的动线设计以简洁、顺畅、高效、易到达，沿线安全、无障碍为准则。

客人从入门开始，直到出门，先定主动线，再设支动线。主动线应连接出入口、接待区、用餐区、厨房、卫生间等主要功能区。同一方向通道的动线不能太集中，去除不必要的阻隔和曲折，提升流动效率。

用餐区环形动线比鱼骨架动线使用更顺畅、更高效，因而也是使用最多的。

多数餐厅的动线规划适宜采用直线，因距离短，排列有序易找位。动线要避免迂回曲折绕圈，以免产生人流混乱的感觉，影响或干扰顾客就座和出入。开放式的大厅为了营造生动氛围，可以有些简单明了的曲线，但要分区明确，引导得当，不宜交叉。

以曲径通幽的景观作为卖点，或者营造神秘感的餐厅，可采用曲线方式来规划，同样要做好引导工作，避免客人入门不知所向。

烧肉达人餐厅
餐厅采用线型主动线，用餐区分区的支动线是不规则的折线形式。设计师这样做是想用放射的树枝状来表达"人脉关系树状图"的概念，以促使用餐者亲密地聚在一起。

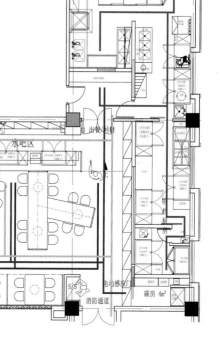

③ 常规尺度

餐厅里主动线的宽度，至少要达到两个人面对面走过不会拥挤，2 人身宽约在 60cm×2=120cm，考虑到服务员可能会使用小推车，为了行走方便，主动线宽度达到 150cm 以上，行走起来才比较便捷，减少相互碰撞的情况。

如果是以包房为主营模式的餐厅，连接包房的通道，宽度也应达到 150cm 以上，才便于人和推车通过。

支动线是深入到各个组团的通道，如果组团面积较大，通道应保持在一个人迎面走来，一个人侧身避让，身体尽量不接触的尺度，支动线在 120cm 以上合适。

直达座椅的末梢动线，在开放式大厅里，如果仅供食客通行，末梢动线通道约在 60cm 以上。如需服务员通过提供上菜等服务，通道约在 90cm 以上，服务员端盘送酒才会行动便捷。

消防动线的通道分为人员疏散通道和消防车通道：

（1）人员疏散通道是根据疏散人数来计算确定的，但最小净宽度不小于 140cm。

（2）消防车通道的净宽度和净高度均不应小于 400cm。

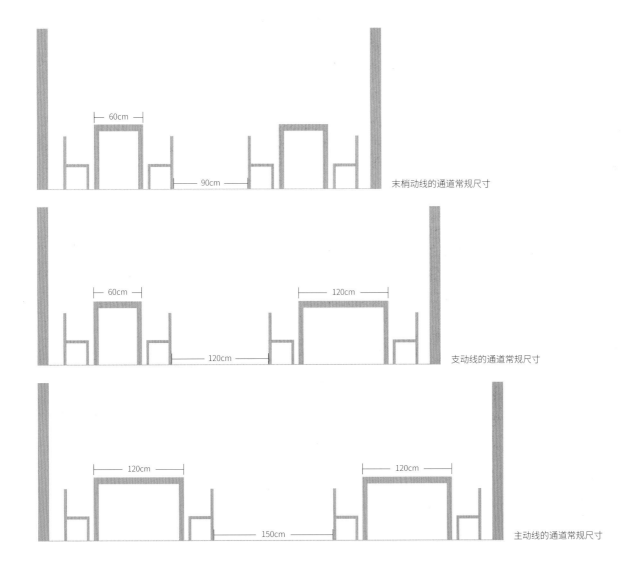

末梢动线的通道常规尺寸

支动线的通道常规尺寸

主动线的通道常规尺寸

四、餐厅空间

3 个核心点

餐厅的设计，首先要确定出入口，这个出入口不仅是消费者的出入口，还包括服务人员、管理人员、厨务人员、后厨食材、设备的出入口及厨余垃圾的清理出口，整体的规划设计要保证出入口的顺畅安全。如果空间不止一层，那么还要确定楼梯的位置，这里的楼梯指步行楼梯、电梯、扶梯、消防楼梯等。

入口、出口、楼梯位是确立空间框架的三大核心点。规划设计围绕这三点展开。

轻井泽茶六烧肉朝富店大门入口。资料提供：周易设计

Tang 餐厅后院出口。资料提供：AW+ Design Studio

南京夫子庙红公馆餐厅。图片提供：东琪及道

算好账再设计

座位数

对以堂食为主的餐厅来说，确定好座位数，才能做出符合需求的设计。设计之前，设计师应先了解餐厅的价格定位、每个食客的客单价、达至收支平衡点的翻台率，以此推算出大致的座位数，再对空间进行规划和设计。

一般来说，一个客人进门消费，除了使用座位面积，还要分摊走道面积、配套服务面积，平均一个成年人就餐所需的基本面积约为 1.2 平方米，餐厅实用面积减去厨房、吧台、办公室、卫生间等功能区面积，剩下面积除以 1.2，可以获得座位的大致数据。

座位数 =(实用面积－厨房面积－卫生间面积－办公面积等非用餐区面积)÷1.2

这个 1.2 是指经济型的大众餐厅，单个客人所需的平均面积，具体到不同餐厅，调整浮度还是很大。越高端的餐厅，人均分摊的面积会越多。

成本控制

餐厅装修，可奢可简，装饰到什么程度，视客户能提供的资金预算与餐厅的档次而定。预算紧张时，把钱花在管线、设备和看得到的地方。

尺度参数

人体工程数据的了解是基础知识，但餐厅如果用到特制设备，设计师就要有详细清楚的认知。经营不同菜系品类，对设备的要求是不同的，像一些做烘烤食物的餐厅，如烤鸭、烤全羊，可能需要特制的烤炉或者窑。一些啤酒吧把鲜啤设备引入餐厅中现场酿制。这些设备的规格、大小、材质、位置、电力、通风、安全等方面就要有很明确的数据。

锅德火锅汾阳路店，大厅的就餐桌的分布考虑了空间利用。
资料提供：OFA 飞形设计

阳阳包子铺，内部装潢选用成本更可控的材料体。
资料提供：古鲁奇设计

科威特四季酒店 Dai Forni 餐厅
大厅放置三个特制烤炉，尺寸规格都是特定的。
资料提供：kokaistudios

优先规划功能区

有堂食功能的餐厅一般分为用餐区与厨房区，用餐区再进行功能延展，又可分为外部大门、接待区、公共用餐区、包房，加上通道、洗手间、办公区等配套功能区，组成一个完整的用餐空间。餐厅空间的设计，就是要将这些功能区进行合理分布，功能相关的区域尽量联系在一起，再用顺畅的动线串联起来，带给客户良好的用餐体验。

功能区块划分的第一步是先定好厨房位置。此外还有一些功能区占用面积较大，需要对应的管线配置，所以在规划时也要优先考虑，比如吧台、舞台、自助区、卫生间等等。

① 厨房

餐厅的后厨位置是非常重要的，相当于餐厅的枢纽。厨房设到最里面，服务人员传菜和回送餐具的服务动线就会被拉长很多，耗时费力效率低，路径沿线对其他食客体验也会有一定影响。

而厨房设在中部，则服务动线要短得多，不但提高了服务效率，也减轻了服务人员的工作量。

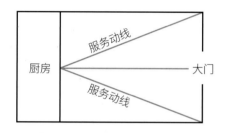
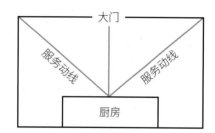

厨房的位置定下来后，其他功能区就可以就着厨房的位置来布局，另外它还关系到管线、烟道、通风、设备摆放、物料进出动线等一系列配套问题，这些都是厨房是否好用的关键问题，厨房一旦定下来就很难变更，建好后再拆改是很伤筋动骨的，所以要慎之又慎。

厨房可分为后厨、明厨。不是每个餐厅都适合做明厨，但有些餐厅为了树立干净优质的品牌形象，会设立明档厨房。明档厨房适合蒸煮类的、冷盘类的菜品操作，如粥粉面、饺子、寿司、卤味等类型的餐厅。而对于需旺火爆炒、油烟较大的菜品则不适合。

有的餐厅只需一个后厨或一个明厨即可完成全部菜品的加工制作，有的餐厅则同时需要明厨＋后厨配合来使用。这两种厨房类型可以联在一起设计，也可以分开来设计。

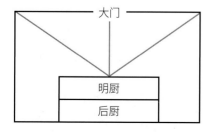
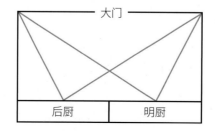
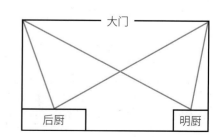

厨房的配置需要根据经营的品类、模式、桌椅规模、厨房面积等因素决定。设备配置数量视最大用餐人数及预计平均出菜数量而定。比如 100 人座位的中式炒菜类餐厅，大约需要 3 台炉灶，其中 2 台用于快炒，1 台用于烹炸。

西餐厅厨房的面积通常约占总面积的 30%~40%。而中餐厅因为种类多、工序复杂，占的面积会更大，相对灵活性也高。一般适中型中餐厅厨房大概要占总面积的 50%，如果是超大型餐厅则占比会降下来。

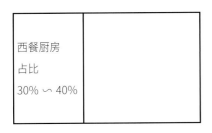

厨房根据使用需要主要可分为以下功能区：

（1）粗加工区；（2）清洗区；（3）精加工配菜区；（4）操作区；（5）白案区；（6）冷拼区；（7）洗消区；（8）冷藏区；（9）仓库区；(10) 其他区。

而根据不同的菜系品类又主要分为中式厨房、西式厨房、日式厨房，它们之间的功能区配置会因为制作方法的差异而有所不同。

中式厨房

平面布局基本原则：

1. 符合卫生要求：食物及用具制作、存放时应做到生熟分开，冷热分开，脏物与清洁物分开。

2. 符合消防要求：燃油、燃气调压、开关站与操作区分开，并配备相应的消防设施；高于 300℃ 的管道与易燃物距离要大于 0.5 米；未经净化处理的油烟排气口必须高于附近最高建筑 0.5 米。

3. 符合技术要求：满足烹调工艺要求，尽量避免冷热交叉、清洗物与脏物交叉，力求各工作区就近作业。

功能布局设计原则：

1. 优先决定炉灶设备的位置；

2. 配菜工作台应在灶台附近；

3. 食材加工与清洗区在配菜台不远处较为实用；

4. 冷盘区、水果区应与出餐区相连；

5. 储藏空间可相对灵活设置，以便于取存、管理，不挡厨务动线为要；

6. 其他功能以干净、安全为准。

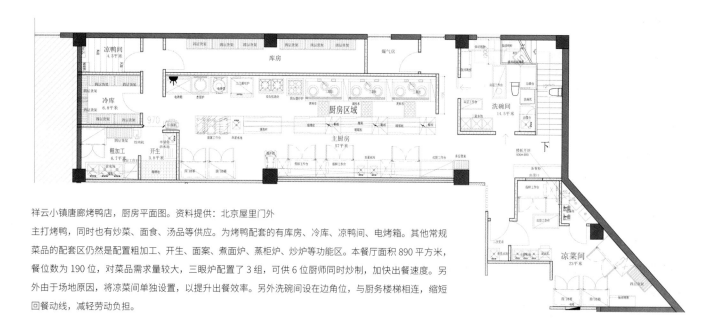

祥云小镇唐廊烤鸭店,厨房平面图。资料提供:北京屋里门外

主打烤鸭,同时也有炒菜、面食、汤品等供应。为烤鸭配套的有库房、冷库、凉鸭间、电烤箱。其他常规菜品的配套区仍然是配置粗加工、开生、面案、煮面炉、蒸柜炉、炒炉等功能区。本餐厅面积890平方米,餐位数为190位,对菜品需求量较大,三眼炉配置了3组,可供6位厨师同时炒制,加快出餐速度。另外由于场地原因,将凉菜间单独设置,以提升出餐效率。另外洗碗间设在边角位,与厨务楼梯相连,缩短回餐动线,减轻劳动负担。

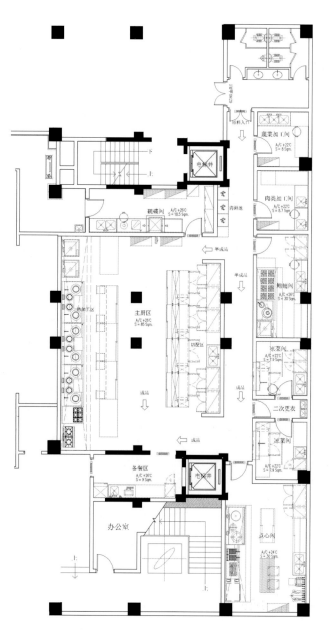

见涨火锅。资料提供:年代营创

重庆老火锅店,不但提供火锅,也提供炒菜,所以厨房配置较大。厨房以主厨区面积最大,除了有热加工区外,还配备了宽敞的切配区。其他加工区也是按照加工流程进行排布,原料进门后,经蔬菜加工间、肉类加工间、鲍翅间、凉菜间、点心间,从原料到半成品再到成品,次序井然,经过一系列操作,成品通过备餐区端出,动线明晰,通道宽敞,这样的厨房运作起来高效流畅。

日式厨房

日式餐厅厨房的工作流程一般为：

制作流程：取出食材→处理→加工→配菜、装盘→出餐

回收流程：收餐→餐具清洗→整理

在进行厨房空间规划时，尽量按照制作流程排序设置，相关设备紧密配合，缩短工作中需走动的距离。回收动线独立设置，与制作动线互不交叉，彼此不影响。

日式食品以冷食为主，讲究新鲜，无油烟操作，故而做明厨展示非常便利。回转寿司更是以明厨为中心，食客绕厨房而坐，可以边观赏厨师操作，边品尝美食。

日式餐厅使用的厨房设备与中式餐厅的设备略有差异，但空间布局与动线规划的原则方式是一致的。热食调理区常用到的设备有：日式炒炉、煎板炉、蒸烤箱、矮汤炉、油炸炉、下火烤炉、上火烤炉、煮面机、海产炉、五味配料台、灶上置锅架、煮饭锅、保温饭锅等。

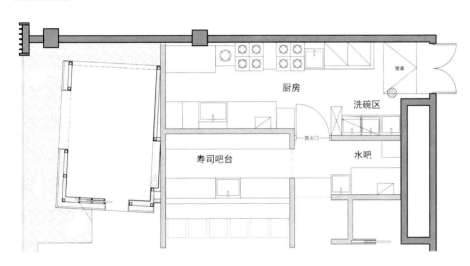

大德餐厅寿司吧台与厨房。资料提供：ODD

餐厅以经营高端寿司料理为主，讲究鲜食，品类少，所以前吧台以现场处理现场食用为主，后厨的设备配套较为简单，以清洗、蒸饭、煮汤等无烟操作为主，一字形布局已经能满足经营需要。

西餐厨房

西餐的烹饪主要包括原料加工、切配、烧烤、蒸炸、烹制、冷菜、面点等方式。西餐设备标准化、工业化程度很高，搭配得好，能够提高出餐效率。

西餐厨房布局的基本原则：

1. 西餐厨房应尽可能使生产线路最短，保证西餐厨房加工、生产、出品流程的连续畅通。

2. 厨房功能区域、作业点应安排紧凑，主食生产线、副食品生产线、餐具洗涤线应平行，不可交叉或重叠，以满足西餐厅生产高效率的流水作业和省时、减少劳动消耗的需求；设备尽可能套用、兼用，优化组合集中设计热源设备。

3. 厨房设备的配置安装必须合理，便于清洁、维修和保养。其布局必须符合西餐厅整体卫生、消防和安全的标准。并便于监控。

厨房面积与外场面积比大约为 1：3。餐厅越大，厨房所占比重越低。高级餐厅制作复杂，用的厨房设备多，占比还会高一些。

根据西餐的品类选择、操作流程确定功能区。综合性的西餐厅，各个功能区占厨房面积比重大约为：

加工区占 23%；

切配、烹调区占 42%；

冷菜、烧烤制作区占 10%；

冷菜出品区占 8%；

厨师长办公室占 2%；

其他占 15%，如冷藏冷冻、洗碗等功能区。

随着食品加工业的兴起，货源充足，原材料配送及时，西餐厨房的分工合作愈加细化紧密，西餐的厨房设施也日趋小型功能化、设备自动化、明档明厨化，为西餐经营创造了更大的盈利空间。

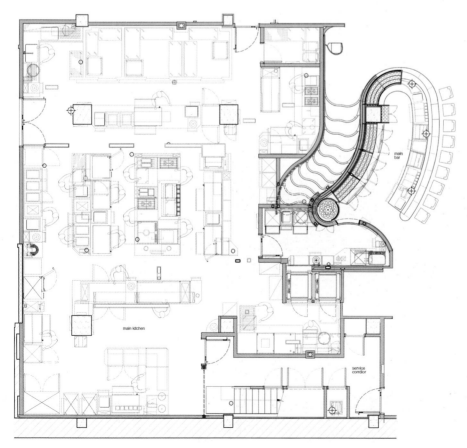

伦敦 Hide 餐厅厨房
西餐厨房一般将料理炉放在厨房中央，其他设备放在邻近处，也会根据主厨的习惯略作调整。
资料提供：These White Walls and Lustedgreen

② 吧台

　　吧台原先是酒吧向客人提供酒水和其他服务的工作区域。在使用中因为适应性广，所以在餐厅中也广泛使用。餐厅吧台和明厨有异曲同工之效。明厨多是封闭或半封闭的，以免厨房热气、水汽、味道等影响大厅用户体验。而吧台多是开放式的，就是为了方便与顾客近距离沟通。它可以结合后厨来设计，前吧后厨，中间通过窗口传菜，也可以独立设计吧台的位置。

　　吧台的位置比厨房要灵活得多，可以在入口处，可以在餐厅中部，也可以在餐厅侧边或内里，要视其吧台承担的功能、规格、造型来确定。吧台的设置要事先考虑进水排污的问题，建成后再改是很麻烦的。吧台的大小、形式、数量可以根据需要灵活安排。

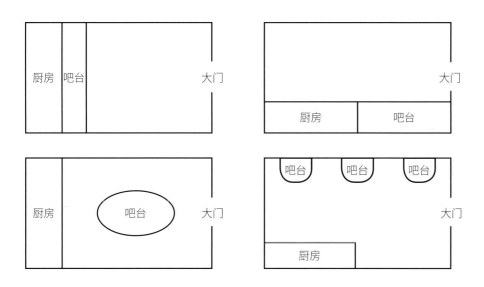

　　在特定的空间或组团里，吧台是空间的聚焦点、指挥中心、售卖中心、互动中心。在不同类型的餐饮空间里，吧台的定位、功能、形态是不一样的，根据需要可以分为综合型、专用型。

牛牛西厨乐从店吧台。资料提供：HONidea 硕瀚创研
属于综合型吧台，涵盖指挥、售卖、结账、餐饮、互动等功能。

吧台设计须知

吧台通常不是一件可随意移动的家具，而是一个集合了多种管线的功能区。在决定设置吧台之时，需要对吧台的位置、配套、规格、工艺、用材进行通盘考虑，反复模拟测试，而不是等建成后再修修补补。

1. 给排水

多数吧台都配有清洗槽，所以给排水是一大重要问题，不但要留好排水口，还要留有一定的倾斜角度。如果管线接到管道间而倾斜度又不足，必须从天花板或者墙内安管时，不但施工会比较麻烦，费用也会跟着提高。

2. 用电

吧台不但照明要用电，相关的操作设备，如咖啡机、冰箱、制冰机等也要用电。如果想在吧台内使用耗电量高的电器，像电磁炉等，最好单独设计一个回路，以免电路跳闸。如果吧台使用的电器种类较多，还要多备一些插座，以便工作顺利展开。

漫画家餐厅吧台
资料提供：杭州哈喽装饰设计
吧台大多配有清洗槽，在设计时给排水管道要提前规划到位。

AKATOAO 赤青餐厅酒吧吧台，上图为实景图，下图为该餐厅平面图。
资料提供：SODA

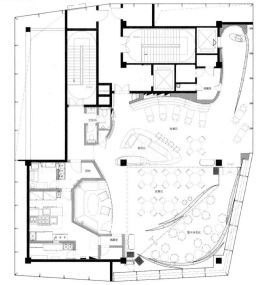

"我们想创造一个半封闭半开放的空间，在封闭的范围内营造出让人沉浸的空间氛围，感受风筝与云带来的乐趣；在开放的露台，人们能看到真实的天空，看到夕阳和夜晚的光线变化，让室外成为室内自然的呼应与延展。"这是 SODA 设计团队以"留住天空一角"为出发点所做的 AKATOAO 赤青餐厅设计。
在餐厅的中心位置设置镜面的异形酒吧台，成为餐厅的视觉焦点。

各种类型的吧台设计

1. 快餐吧台

快餐类餐厅吧台一端面对客人，一端连着后厨，是餐厅的销售中心、食品分发中心、服务中心，吧台通常设在正对入口显眼位置，并设宽阔的前厅，便于客人排队点餐。

2. 咖啡馆吧台

咖啡馆的吧台是售卖中心与操作中心，不同制作方式和售卖方式对吧台的设计要求不同。大致可以分为：快速外卖型、休闲堂食型、烘焙轻食型、中岛型等。先定下经营咖啡的种类、制作工艺和售卖模式，才方便做吧台设计。

3. 休闲饮品吧台

休闲饮品类餐厅是让人放松的地方。这类吧台通常除了点单收银、发放食品外，还有担负现场搭配食材的工作，吧台会做得相对较高较长，一方面隔开客人视线，一方面保证食材卫生。

4. 轻食与小吃店吧台

轻食或小吃店的吧台通常会提供地方给客人围坐用餐，所以多数为高低式柜台，内吧台进行食材制作或搭配，外吧台给客人围坐进餐。

5. 酒吧吧台

吧台是酒吧的基本配备，不同的酒吧，销售品类、风格、规模、模式不同，吧台的设计也是千差万别。吧台内一般会配备调酒器具、调酒原料配料、小吃等物品。通常由前吧、操作台以及后吧三部分构成，服务人员在吧台内为客人提供服务。

吧台是酒吧空间设计中的聚焦点，所以通常设在进门最显眼的位置，或酒吧中心区域，或在室内最有人气的位置，总之要让客人尽快找到，并快捷到达。

酒吧吧台的形态

酒吧吧台常见的形式有直线形、L 形、U 形、环形等，也有异形的特制吧台。

直线形，1 位吧员能有效控制的吧台长度在 350cm 左右。

L 形吧台，折角位 90 度以内的吧台，走动距离不大，转身就可以提供服务，效率较高。折角位超过 180 度的，走动距离太大，需要配置助手。

U 形吧台，也叫马蹄形吧台，U 形开口端抵住墙壁，主要放酒柜、收纳柜，向外三面提供服务。

环形吧台，这种吧台的好处是能够在中间设中岛充分展示酒类，也能为客人提供较大的空间。但它向四面八方提供服务，除非是贴身型的小型环形吧台，否则需要 2 位以上吧员。

GREEN OPTION FOOD COURT 吧台

In's-Cafe 吧台

喜茶广州凯华国际 DP 店吧台

咖啡烧烤餐厅吧台

阳阳包子铺吧台

TRIBECA 南京河西旗舰店啤酒吧吧台

宙·SORA 日料餐厅吧台

Enuse 餐厅酒吧吧台。资料提供：CHRIS SHAO STUDIO

这个位于二楼的吧台，空间挑空较高，将常规高度的酒柜上方空间设置成一面背景墙，
以氤氲薄雾中的梅花鹿为装饰图案，带给人悠远高阔的感觉。

酒吧吧台的尺寸

1. 前吧台

前吧台的台面一般较高，这是因为酒吧操作台有用水需求，底部走管线需垫高，另外服务员在吧台内站立操作，要与顾客沟通，最好是视线与客人平齐，所以顾客需要坐得高一些。同时也方便顾客站立品酒聊天。

酒吧前吧台台面高约 100~120cm，台面底下留空进深约 40~60cm，便于客人坐下来后，双腿放置。吧台面与吧凳面距离约在 25~30cm，便于大腿摆放或跷脚姿势。配对的高脚凳高度约为 65~75cm。为了配合座椅的高度，使下肢受力合理，通常酒吧面向顾客一侧下方会设脚踏位或脚踏杆，高度约为 15~25cm。

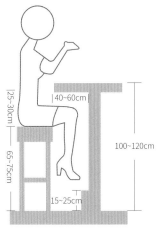

前吧台

2. 操作台

操作台台面一般高度为 80~85cm，以方便服务人员站立操作为主。操作台进深一般在 60~80cm，配洗涤槽、冰槽、配酒器等，台上可能放电脑、点钞机、扫码机、打印机等设备。台下还可放冰柜、收纳柜等。操作台如果是上下两层的，上层台面用于遮挡视线与摆放小物品，高度约在 110~120cm，面宽 10~20cm，下层台面高度约为 80~85cm，中间留空高度约 30~35cm，用于摆放设备、辅材等等。

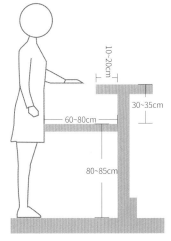

操作台

3. 后吧台

后吧台主要由酒柜、装饰柜、冷藏柜组成。后吧台的设计可以分为上下两部分来考虑。上部以装饰和营造氛围为主，下部摆放酒柜、冷藏柜等。酒柜高度在 175cm 左右，以不超过调酒师伸手可及的高度为准。酒柜设计要注意使用上的便利，每一层高度约在 30~40cm，进深约在 20~30cm。下方柜台高度在 110cm 左右，台面进深一般为 40~60cm，用于存放耗材、酒杯酒瓶器皿等物件。

操作台与后吧台之间的距离在 90~100cm 左右，方便服务员操作。

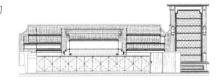

TRIBECA 南京河西旗舰店，威士忌吧后吧台。资料提供：南京市线状建筑设计研究室

日料吧台

在高级日料餐厅中,吧台位的价格往往比包间还贵,因为寿司不只是味觉的享受,也是视觉的享受。日本料理油烟少,操作的观赏性很强,食材的摆放拼盘也很美,同时高级日料,很讲究食材的新鲜程度,即做即吃,可以品尝到食材的最佳口感。与主厨面对面交流,边看边吃,主厨还会随时关注食客的反馈,根据需要进行调整。

吧台是日料餐厅重要的设施,为了打造舒适的吧台用餐体验,无论是台面还是座椅,花费并不比包房低。

1. 吧台位置

在回转寿司店、居酒屋,吧台就是餐厅的灵魂,食客围坐在吧台周边,享受日料的美味。在小型餐厅里,吧台一般位于餐厅的核心位置,所占比重非常大。在一些大型日料餐厅里,吧台也是一个组团的中心,人们可以一边享受美食,一边观赏厨师优雅从容的操作。

大德餐厅寿司吧包间的吧台。资料提供:ODD
大德餐厅以高端日式寿司料理为主,在寿司吧包间中吧台居中而设,前吧台设有座位,供客人就近品尝美食。

2. 吧台高度

日料吧台的高度根据餐厅的定位进行设定。如果是回转寿司店,为提高翻台率,多采用高一些的吧台,约高110cm,进深40~60cm,配高脚凳,让客人吃完了,可迅速离开。

高级日料餐厅,为了让客户有细致的体验,反而希望客人能坐下来,好好品尝。这样的吧台不需要太高,一般在100cm,座椅椅面约高60~70cm,食客们可以舒适地坐在这里看大厨亲手做料理,并慢慢品味。但有些吧台还会适当调低到平常用餐的高度,让客人以更沉静的心态来细细品尝。

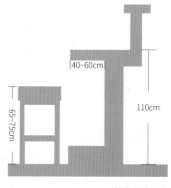

普通日料吧台

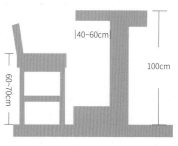

高级日料吧台

3. 吧台材质

日式料理以生冷新鲜为主，同时也会有熟、热食，食材的切割和清洗是很重要的工序，所以在吧台的材质选择上常用石材和木材。既方便于操作需求，又能体现食材的质朴天然，让人感受自然亲切的氛围。

映墨日式创意料理店吧台。资料提供：周易设计
直线形的长条吧台以一整块原木作为台面，板材特意保留不规则的边线。

鮨乐海鲜市场，寿司吧台。资料提供：周易设计
直线形的长条吧台采用黑色硬朗的石质台面显得干净利落，对海鲜的鲜艳生猛形成良好衬托。

③ 舞台

有些餐厅会引入艺术表演或有大型宴会需求，需要设置舞台。这就需要预留出相应的空间位置。舞台有简易平台，也有打造较复杂的，以预备某些特效需要。

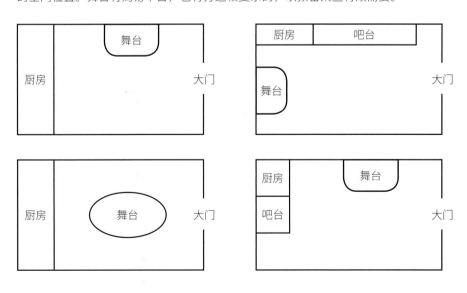

TRIBECA 南京河西旗舰店，啤酒吧舞台。
资料提供：南京市线状建筑设计研究室

④ 自助区

对于主营自助餐厅或者有自助服务的餐厅来说，自助区在整个大厅中占据重要位置。它减轻了厨房和服务的负担，但要便于食客到达，并且轻松选择食材和配料。自助区的大小视自助服务在整个餐厅中的占比。如果绝大多数食物都通过自助获取，那么自助区占比较大，取餐动线宜拉长，以免客人拥挤在一起。如果只是配料等少量食材需自助搭配，那么小小占比就可以了。

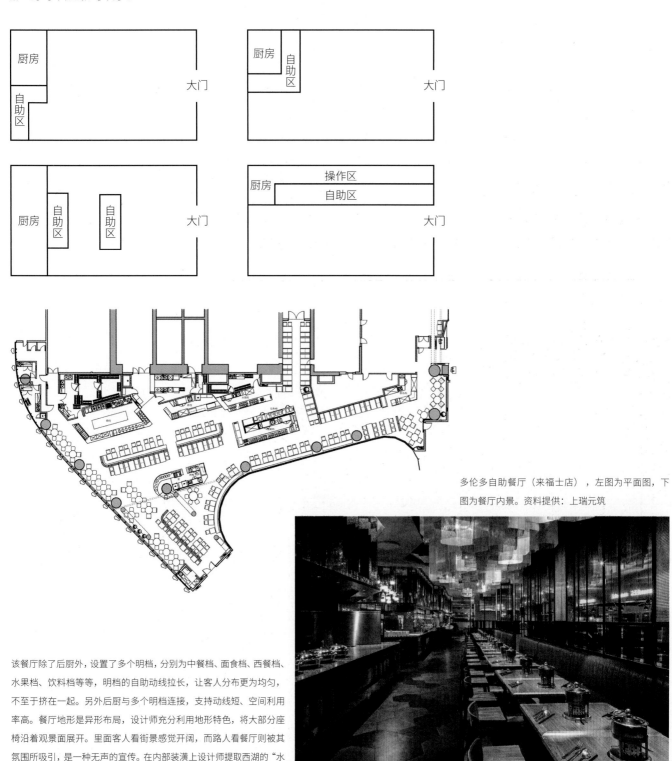

多伦多自助餐厅（来福士店），左图为平面图，下图为餐厅内景。资料提供：上瑞元筑

该餐厅除了后厨外，设置了多个明档，分别为中餐档、面食档、西餐档、水果档、饮料档等等，明档的自助动线拉长，让客人分布更为均匀，不至于挤在一起。另外后厨与多个明档连接，支持动线短、空间利用率高。餐厅地形是异形布局，设计师充分利用地形特色，将大部分座椅沿着观景面展开。里面客人看街景感觉开阔，而路人看餐厅则被其氛围所吸引，是一种无声的宣传。在内部装潢上设计师提取西湖的"水元素"为创意，演绎成"六边形水分子"幕帘悬挂贯穿于整个空间，打造出丰富、俊朗、明快且充满力量的自助就餐环境。

用餐区以及其他功能区的常规安排

一般而言，大厅在近入口最宽敞的位置，包房在景观最好的位置，卫生间设在边角位，具体规划要依据场地形状特点来进行。其中卫生间涉及给排水、排污、气味等问题，在整体规划时，也要考虑好其管线的铺排。

⑤ 入口处

餐厅的外形象包括外部环境、出入口、外部墙身的形象。

外部环境

外部环境指餐厅前后门和建筑周边的外围环境，包括门前广场、绿化、交通、通道等。正门前的环境是设计的重点，如果门前有广场，应充分利用起来，保持整体的开阔整洁，还可以适当地补充一些绿植、雕塑等景观，提升环境质量。景观以不遮挡门头视线为原则，让远处的客人一眼就可以看到餐厅的外貌。

如果条件允许，门前可以开发成露天用餐区或饮品休闲区，增加营业面积。大门两侧的空间还可以开发成排队等候区。越是有人排队的餐厅，越能吸引更多的客流。

如果门前紧邻大路，车流较多的话，要将客人引导进餐厅，门前可以用一些半人高的绿植或软隔断，隔开路边的尘埃和喧闹。

昭日堂烧肉料理餐厅，外部环境。
餐厅建筑外部环境通过灯光、微景观、盆栽进行装点，十分吸引眼球。
资料提供：周易设计

Tang 餐厅露天就餐区
Tang 餐厅位于屋顶的大露台被充分利用做成休闲用餐区。
资料提供：AW+ Design Studio

门脸

门脸指餐厅正门的门头、橱窗、墙身等形象，是餐厅重要的引流位。门口的朝向是很有讲究的，餐厅业主都很关注门朝哪个方位藏风、聚气、纳吉、招财。朝向定了，整个门脸的装饰面才能定下来。

除非刻意营造神秘感的餐厅，大多餐厅的门脸设计上都要独特夺目，与经营品类相呼应，既能从周边环境中脱颖而出，又能让客人快速了解餐厅的特色。夜间的门头灯光也很重要，造型独特绚丽、富有动感的灯光，在很远就能吸引人的视线到达。

小型餐厅大多数只有一个出入口，中型、大型餐厅则有 2 个或更多的出入口。每个出入口都应有所规划或装饰，它们都是餐厅对外形象的组成部分。

餐厅外部墙身，只要是面对人流较多的方向，哪怕是侧面也要充分利用，用招牌、指示牌、店招等等，吸引客人看过来，便捷找到餐厅入口。

餐厅门脸设计

⑥ 接待区

接待区位于正门入口处，客人从这里开始接受服务人员的引导，入内就餐或等待就餐，体现了餐厅的服务水平与留客能力。排队等候区不能太小也不能太大，太小了显得紧迫，太大了显得冷清，它的比例大小要看餐厅的总规模，也要对等待人数有个合理的预估。

接待区的设置准则

1. 大型餐厅通常设有专门的接待区和等候处，室外气候条件不可控，主要在入口区域划分一块作为接待区。很多餐厅接待区的吧台也兼有收银功能。

2. 小型餐厅的门厅开口可以尽量大一些，既方便人员的进出，也显得内部空间更敞亮。但一些特定餐饮类型，如日式料理、高端会所等，门厅开口反而要做得收敛一些，给人低调、神秘的感觉。

3. 门厅设计应适应当地的气候、习惯等情况。在寒冷地区，应设过渡门厅或旋转门厅，以隔绝外部的寒冷空气。

4. 接待区一般设有迎宾台，迎宾人员在这里招引顾客，组织排队。迎宾台放到主入口外侧，不需太大，主要放餐单、宣传物料等。

5. 排队等候区宜偏离主要人流动线，自成一隅以减少干扰。另外主入口动线、等候区动线、外卖动线、结账开票动线最好能分流，以免人来人往阻塞在入口区，影响客人的到店体验。

接待区设计技巧

1. 位于商场内部的餐厅，一般把等待区设在入口一边的公共通道，排队的人多也能显得餐厅人气爆棚，广受欢迎。

2. 沿街的餐厅，如果门前有小型的广场，没有交通或灰尘的影响，也可以把接待区设在门口的一侧，以不影响主要人流动线为原则。

3. 提供打包外卖服务的餐厅，多数在接待台附近交接。有条件的可以在餐厅边侧设一个独立外卖窗口。与入内堂食的客人动线区分开来。

4. 接待台一般兼具接待、结账、开票等功能。为了避免人员往来拥挤，接待台前一般会预留3平方米以上的空间，如果是小型餐厅，用餐区座位与等待区之间最好有1.2米以上的距离，以免影响用餐者的体验。

5. 快餐店的接待台前预留的空间要更大，便于客人排队。另外柜台尽量做长，或者做成转折位，将点餐与取餐人流分离开来。

6. 面积大的餐厅，可以设置独立的接待区，除了设接待台外，还可以设一些景观或陈列艺术品，体验餐厅带来的舒适感。

九川堂日料餐厅，接待台。资料提供：周易设计

点点一品餐厅，接待处。资料提供：古鲁奇设计

红公馆餐厅，前厅接待和等候区。
资料提供：南京名谷设计机构

TRIBECA 餐厅，前厅接待和等候区。
资料提供：南京市線状建筑设计研究室

锅德火锅汾阳路店，接待处。
资料提供：OFA 飞形设计

Tunateca Balfegó 餐厅，接待处。
资料提供：EL EQUIPO CREATIVO

⑦ 用餐大厅

除了一些特定品类的餐厅之外，有着干净明亮，且内容丰富的开放式就餐环境，比封闭式的餐饮空间，更容易受到人们的欢迎。

大厅的布局从以下几方面着手：

确定座位的总数，分配好各种座位的比例；

确立主动线，再定支动线，补充末梢动线；

划定组团分布，再细化桌椅摆设。

大厅的布局形式

主要有三种，分别是集中式、组团式及线式，或是它们的综合变种。

1. 集中式布局，是一种向心式的餐饮空间组合方式，次要空间围绕主导空间做发散性分布。主导空间可能是中心组团、舞台、吧台或中心景观区等。分布方式可能是环形、扇形、多边形等等。

点点一品茶餐厅

大厅桌椅布局采用集中式，在方形空间内，以中心为聚点向四周散开。

资料提供：古鲁奇设计

2. 组团式布局，是多种形式桌椅，根据场地形状、环境需要，分类分片区进行布局。组团式布局灵活多变，适用性强，是常用的空间布局形式。

金香汇餐厅

有田设计团队打造的金香汇晚茶餐厅，大厅的桌椅呈组团式布局，根据空间结构的需求以多种形式摆放。上图为该餐厅的大厅实景图，右图为餐厅平面布局图。

资料提供：有田建筑空间设计有限公司

3. 线式布局，是把桌椅按多种形式的线性方向进行排列，可以是直线形、曲线形、折线形、环形等，形成整齐有节律的空间形态。线式布局的优势在于空间结构简洁明了，客人能快速找到所去的位置。

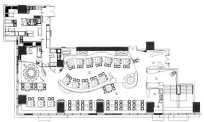

23°不太冷海南椰子鸡火锅。资料提供：胡峻峰
用餐区较为狭长，设计师采用线性布局，整个用餐大厅分三排，曲线和直线并用，使之更为生动。
上图为该餐厅的大厅实景图，右图为餐厅平面布局图。

大厅的动线规划

大厅的动线规划需以大厅的布局方式、人流走势、服务线路为参考来安排。根据组团的分布，主动线要串起主要功能区，并延伸到每个大组团；支动线环绕在大组团周边；末梢动线通向各个座位。

顾客动线

顾客进入大厅，主要动作就是找座位、就座、点餐、去洗手间、结算、离开。动线安排上，要让顾客活动的线路越少越好。

如果是点餐式的，顾客的主要行为就是：找座位、上洗手间、结算、离开。找座位和离开的动线可以合并在一条线上，结算也可以安排在离开的主动线上，那他的活动可以归纳成三点：入口、就座、洗手间，这三点如果安排在一条主动线上，可提高动线使用率。

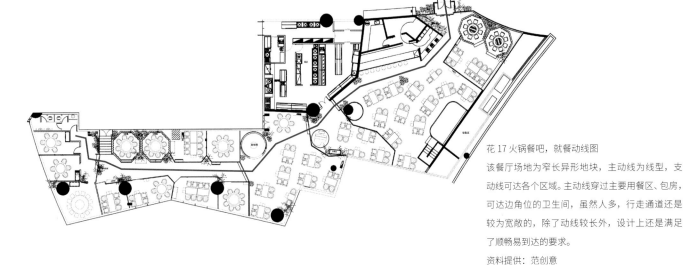

花17火锅餐吧，就餐动线图
该餐厅场地为窄长异形地块，主动线为线型，支动线可达各个区域。主动线穿过主要用餐区、包房，可达边角位的卫生间，虽然人多，行走通道还是较为宽敞的，除了动线较长外，设计上还是满足了顺畅易到达的要求。
资料提供：范创意

如果是自助餐式的，则顾客活动增加自选区。如果自选区是线型的，或者多点分布的，那么行走路线将多好几个点。顾客动线能安排在主动线上固然好，如果安排不下，尽量让他们的行走路线呈环形分布，少走回头路，顺着环形走，取餐客人不容易碰到一起。另外因顾客会频繁出入座位，所以支动线，以及前往自选区的动线，应比常规支动线更宽敞一些。

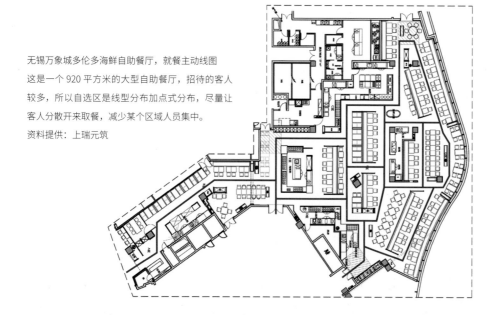

无锡万象城多伦多海鲜自助餐厅，就餐主动线图
这是一个 920 平方米的大型自助餐厅，招待的客人较多，所以自选区是线型分布加点式分布，尽量让客人分散开来取餐，减少某个区域人员集中。
资料提供：上瑞元筑

服务动线

上菜式餐厅的服务工作主要有：引导就座、点餐、上菜、换碟、结算、收餐、清理台面。不同的餐厅对服务工作的安排不同，有的是一人全程服务，有的是分岗位协作式，不管哪种，都是以服务人员效率高、行动路线短、行动互不干扰为前提。

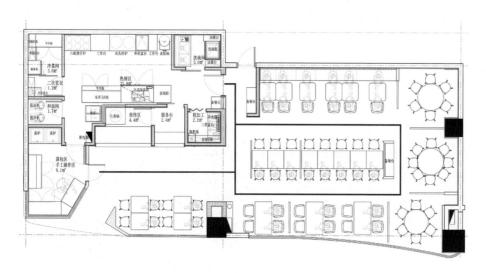

一城半点餐厅，服务动线图
该餐厅空间较小，桌椅采用线型布局，服务动线呈环路径，可到达每张餐台，提高服务人员工作效率。
资料提供：巢羽设计

自助式餐厅，服务工作量要少得多，一个服务员可以服务更多客人。服务人员主要在支动线上活动，满足组团内客人的需求。动线规划以流畅、便捷为主。

自选区食材运送、摆放、更换工作主要由后厨人员完成，从后厨到自选区的主动线应宽敞、便捷。

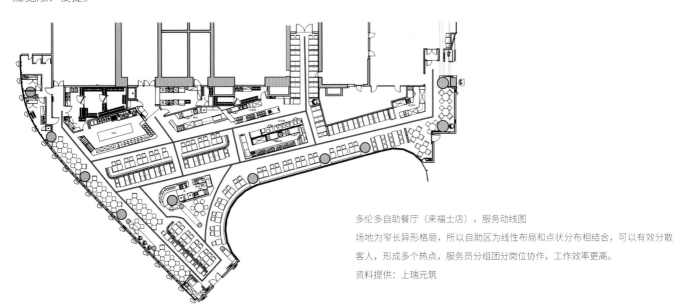

多伦多自助餐厅（来福士店），服务动线图
场地为窄长异形格局，所以自助区为线性布局和点状分布相结合，可以有效分散客人，形成多个热点，服务员分组团分岗位协作，工作效率更高。
资料提供：上瑞元筑

大厅的隔断设计

大厅呈开放式，但客人在就座时仍有不同的需求。开放性的隔断设计，对不同区域进行了划分，也照顾到了一些客人的半私密性需求，还丰富了空间的层次，在面积比较大的大厅里，除了商务宴会大厅外，有条件的话都会规划一些半隔断、软隔断、中空隔断、局部隔断，可以让客人感觉更轻松。

大厅的立体规划

大厅的规划不一定只在一个平面，它也可以是立体的。在同一层里也可以平地起台，造就立体的空间体验。将同一个组团放在同一层里，看起来聚合性更强，还可以减少走道对平台的干扰。同时二层或是多层共用中心大厅或前厅的格局，需视场地环境和层高，进行立体空间的构想和创作。

花悦庭餐厅，大厅隔断
花窗屏风做隔断，若隐若现，有中式园林之美。
资料提供：古鲁奇设计

金香汇餐厅。资料提供：有田建筑空间设计有限公司
餐厅入口处地势最低，往内走通过台阶抬高地面，让用餐区拥有更为开阔的景观。

海敢小鱿鱼餐厅。资料提供：方国溪
设计师通过抬升和下沉空间，将就餐大厅划分不同的立体就餐区域，形成丰富的层次感。

就餐桌椅的类型

方桌、长桌是中小型餐厅主要选用的桌面，因为方桌占用面积小，可以拼桌。圆形餐桌亲和力好，大圆桌上面还可以放转盘，适合多人聚餐。休闲类餐厅可以使用小圆桌，而多人聚餐的包房通常适用大圆桌。

在一些西餐厅、日本料理或现代风格的餐厅里，也有人喜欢大长桌，一字排开，能坐十几二十人，非常气派。

有些餐厅中还会出现一些椭圆桌、异形桌、特制桌等，这可以根据环境主题的要求，由设计师灵感创作，只要空间够，预算能实现，也很值得赞赏。

瓦晒日月光广场店。图片提供：贾方
各种类型的餐桌椅都有，顺应地形和景观的特点进行铺排，客人的适应性也较广。

CAMPO Modern Grill 餐厅
餐厅就餐区的长条形餐桌，可满足 16 人聚会，也可分散待客，灵活性高。

LAS CHICAS, LOS CHICOS Y LOS MANIQUíS 餐厅
包房椭圆形大理石桌子，与红色的背景形成鲜明的层次对比。

餐厅中常用的椅子除了各种风格的散椅外，还有卡座应用非常广，它节省空间，使用灵活，应势赋形，制作成本可控。还有一种异形长椅，通过它在空间中制造围合感、波浪感，分割不同的区域，成为空间装饰的一部分。

牛牛西厨餐厅乐从店。资料提供：HONidea 硕瀚创研
沿着墙身排列一字形的卡座，节省空间，使用灵活。

香港满乐中菜。资料提供：香港满乐中菜
两个相对圆合的绿色长椅，构成一个近圆的小空间，很有亲切感。

餐桌椅的配比

餐桌椅的种类可按座位数分为 1 人组、2 人组、4 人组、6 人组、8 人组、10 人组、12 人组、超多人组等。

餐桌椅的种类、配比要依据餐厅的定位、主力客群需求、经营方式、赢利核算模型、场地形状来确定。比如餐厅是以旅游团餐为主，那么 10~12 座的大圆桌将占重要比例。

如果餐厅以高端商务接待为主，那么包房所占比例就高，包房里首选为大圆桌，圆桌是6座、8座、12座还是超多人组，需要看客户类型的比例，以及场地形态来确定。如果餐厅是以休闲逛街的正餐人群为主，那么4人座的长方台可占高比例。

餐桌椅的种类、配比在规划之初就会定下来，但也不是一成不变，在经营过程中，可根据实际的上座率、翻台数、等候人数等经营情况进行调整。

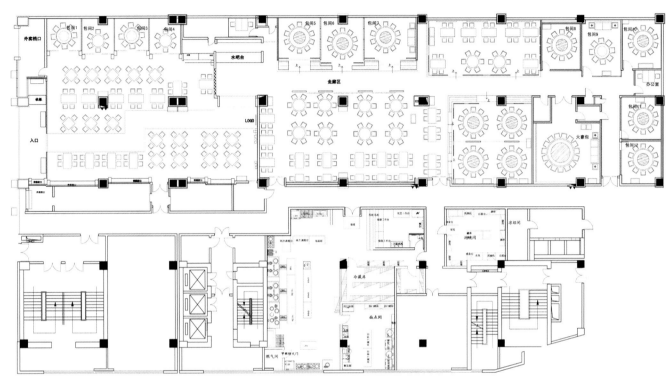

便宜坊餐厅

便宜坊烤鸭是拥有六百余年历史的老字号，以"便利人民，宜室宜家"为经营理念，本案既有2人方桌、4人方桌、4人长桌、6人圆桌，也有8人包间、10人包间和15人豪包，餐桌椅类型丰富，能适应不同类型客人需求。其中以4人桌、6人桌、8人桌、10人桌占比较高，说明家庭客，或多人聚餐的客人比较多。

资料提供：和合堂设计

餐桌椅和服务台的常规尺寸

一个成人需要的空间约在1~1.5m²，一个儿童需要的空间约在0.7~1m²。

成人餐桌高度一般在65~75cm之间，如果是沿墙摆放的一人桌，深度不应低于40cm，单人用桌面宽不应低于60cm，桌面到椅面上方的距离约在30~35cm。

成人座椅，椅面到地面的高度40-~45cm，深度40~50cm，宽度40~50cm，椅背高度在75~85cm。儿童椅，椅面高度一般要达到50~55cm，桌底到椅面距离在20~25cm。

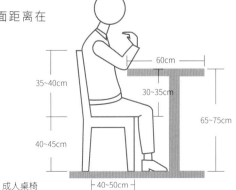

儿童椅的高度会升高   成人桌椅

餐厅服务中，如果主动线过长，或者组团过大，一般都会每组设 20~30 个座位，设一个配套的服务台，摆放餐具、菜单、茶包、纸巾、牙签、备品等，供应热水。包房里一般也会设一个服务台或服务间。每 50~77 个座位还可配一个供应台，供应热汤、面包、咖啡等简餐，提高服务效率。

小型服务台，一般 50~60cm 宽，30~40cm 进深，80~95cm 高。

大型供应台，一般 120~250cm 宽，30~60cm 进深，80~95cm 高。

不同人数桌椅组合的基本尺度

种类	形状	小型：长（cm）× 宽（cm）	中型：长（cm）× 宽（cm）
1~2 人座	正方形	60×60	75×75
	长方形	75×60	90×75
	圆形	75	90
3~4 人座	正方形	75×75	105×105
	长方形	120×75	120×90
	圆形	90	120
5~6 人座	长方形	150×75	180×105
	圆形	110	150

⑧ 包房

客人都希望就餐的环境舒适而喧闹，招待客人时，更希望环境优雅，洽谈时不受外界干扰。包房就是为了满足客人的这些需求而设的，包房的数量、规模、装修档次，和餐厅规模、目标客人消费习惯、价格水平相匹配。

设计原则是要注意便利性、安全性、通畅性、灵活性和美观性。

锅德火锅汾阳路店包房
包房以皇室花园为主题，在欧式风格的基础上融入中国现代元素。墙身绢丝牡丹图，尽显华美；尺度怡人的包房，让客人有更舒适的用餐体验。
资料提供：OFA 飞形设计

包房的动线规划主要分两种

1. 包房外部动线

外部动线主要是客人到达包房的动线，客人去洗手间或其他功能区的动线。

包房外部动线应当连到餐厅的主动线上，通往包房的路上，应有指示牌，包房要有名字或编号，方便客人及时找到。包房如果开门在大厅里，门前通道宽度应在 1.5 米以上，出入之间才顺畅。如果是一条通道两边都是包房，通道的宽度也要在 1.5 米以上，人员来往才不易碰撞。

包房之间的房门尽量错开设计，不要门和门相对，以免对门出入容易冲撞。包房的门也最好不要正对餐桌，以免人来人往，影响包房客人用餐体验和对私密性的要求。

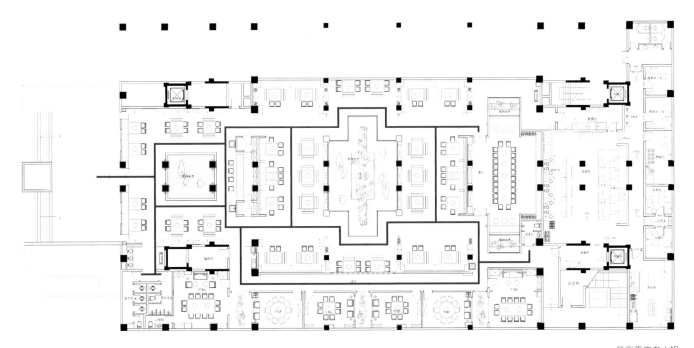

见涨重庆老火锅
包房外部动线与主动线相连，通道宽敞。
资料提供：年代营创

2. 包房内部动线

内部动线包括顾客动线、服务动线。

根据包房的规格、档次、配套，可分简易版、标配版、豪华版。因为配套不同，服务不同，动线的规划也不同。

简易版包房

简易版主要是以就餐为主，内配餐桌椅、边柜、电视机等。简易版包房动线，从进门、围绕桌子展开，到离开，较为简单。主人位一般按照"坐北朝南"或者"背窗面门"来设置。电视机一般装在主人位较易看到，不影响交通的方位。

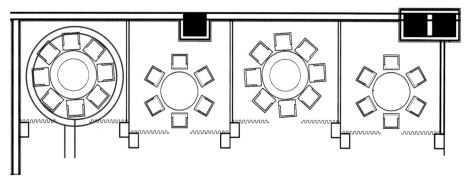

简易版包房内部动线

标配版包房

标配版包房既方便请客，也适宜自用，私密性好，尺度适宜。配置的功能有用餐区、会客区、备餐间、卫生间等。

顾客动线主要为入门—沙发会客区—用餐区—卫生间—出门。服务人员动线主要为入门—沙发会客区—备餐区—用餐区—回餐。

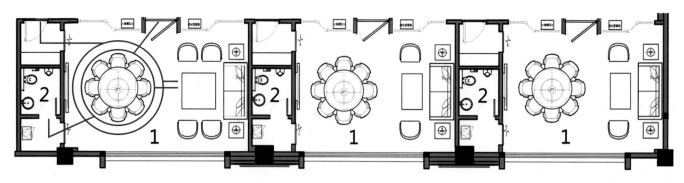

标配版包房内部动线

豪华版包房

豪华版多以宴请为目的，讲究的是舒适、阔气、档次，需要尺度大、规格高。

一般来说档次越高，面积越大，配置也越多。不但有大型餐桌组团，还会增设会客区、卫生间、衣帽间等。会客区又可以细分为沙发会客区、饮茶区、麻将娱乐区、卡拉 OK 区等。

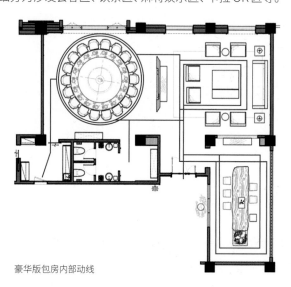

豪华版包房内部动线

可分合式包房

不同的客人，在不同的情境下，对包房大小的需求是不同的。如果客人少而包房大，对餐厅来说显然是不经济的，而可分合式包房能灵活满足这种对空间大小的可变性需求。小包房移开推拉隔扇，可以打通成大包房使用。在很多大型酒店宴会厅会用这样的设计。为了灵活使用，以标准独立小包房为基准模块，并排设计。可以做到2合1、3合1、多合1。

服务动线将根据餐桌组数、用餐人员数量进行相应的调整。

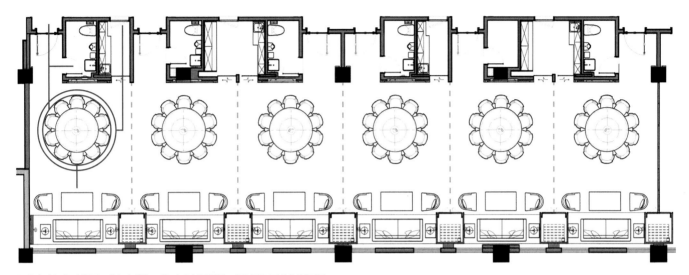

可分合式包房动线图，黄色虚线为可移动式房间隔断，拉开后可以作为通间用。

包房的尺度

根据人员的不同，包房可分为：2人房、4人房、6人房、8人房、10人房、12人房、14人房、16人房、18人房、20人房等。

小型包房、中型包房、大型包房的数量和配比，要依据目标客人的定位来设定。

12人以下的中小型包房适用方桌、长桌、圆桌。12人以上大型包房依据风格定位，可以有圆桌、长桌、异形桌。圆桌可摆转动圆盘，无论是服务员上菜或者顾客品尝菜品都很方便，所以大圆桌更受欢迎。

包房内餐桌的尺度

座位数	桌面大小（圆桌的直径）（米）	桌面高度（米）
4~6	1.4	0.72
8	1.6	0.72
10	1.8	0.72
12	2	0.72
14	2.2	0.72
16	2.4	0.72

包房内椅子的尺度

用餐的座椅选用靠背椅更舒服。椅面高度为0.45米，靠背椅高度0.8~1.2米之间都可以，但不要超过1.5米，不然服务员上菜容易磕碰到。

包房宽度的计算

以 10 人圆桌包房为例，尺度计算如下：服务通道（0.6 米）＋坐椅深度（0.6 米）＋预留位（0.15 米 X2 边）＋桌子直径（1.8 米）=4.3 米。所以 10 人包房宽度应不低于 4.3 米，否则出入不顺畅。

长条形包房按类似的方式计算长宽的尺寸，以及配套设施的尺寸。

包房门口的尺度

以人们进出顺畅，以及家具、设备进出方便，来计算门框尺寸。常规用门尺寸宽为 0.88~0.9 米，高为 2~2.2 米左右。一些豪华的餐厅包房，为了显得气派，选择双开门或超高门，尺寸视整体设计风格而定。

锅德火锅汾阳路店，豪华包间
配有茶座区，小型酒吧，门口采用双开门。
资料提供：OFA 飞形设计

傲鳗日料餐厅包间
长条形包间，采用长条形的餐桌。
资料提供：古鲁奇设计

株洲海天渔港餐厅可分合式包房
中间的隔断墙可以拖拉收起。
图片提供：艺鼎装饰设计

⑨ 卫生间

餐厅里的卫生间是餐厅卫生水平、设计品位的直观体现。卫生间如果设计洁净、美观，会成为餐厅的亮点，为整体效果增色。

餐厅卫生间通常分为两种，一种是公共卫生间，一种是包房卫生间。

卫生间设计的基本要求

1. 好找，客人来到一个陌生的餐厅环境，卫生间一定要好找，指引要清晰。

2. 易到，卫生间外的通道应与主动线相连接，动线须简洁，尽量少绕弯。

3. 快捷，蹲位要合理，减少等待时间，条件允许的做分流设计。

4. 好用，空间实用，设备好用，数量够用，容易使用。

5. 安全，内部的功能设计清晰明确，地面做好防滑，避免突出的边角位。

6. 干净，必须要方便清洁卫生工作，同时通风设计也是重点。

卫生间的规划

1. 商场内的餐厅，面积在 200 平方米以内的，通常不需要独立配置卫生间，直接公用商场卫生间即可。

2. 卫生间的洗手区与蹲位隔间最好分开设置。男女卫生间可以共用一个前室，设洗手盆和镜子。洗手盆前应留有足够的空间，尽量离卫生间出入口远一点，以免此处交通拥挤。

3. 卫生间的设计需考虑隐私性，尤其是男厕的小便斗和女厕的蹲位不要暴露在人们的视线中，要做好视线遮挡。

4. 后厨人员和顾客使用的卫生间尽可能分开设置。

5. 卫生间应有独立的管理间，便于清洁人员存放拖把、抹布、洗洁精、香薰等清洁用品。

6. 女洗手区可增设化妆区，方便女性整理妆容。根据目标客人属性，还可增设婴儿尿布床、哺乳室和婴儿座椅。

卫生间的动线

卫生间通常设在餐厅的边角或隐蔽位，其出入口位置要相对隐蔽，避免就餐的顾客直接看到，影响就餐心情。而在营业高峰期，卫生间的使用频率会非常高。因此卫生间的动线规划应清晰、合理、顺畅，沿路没有突出来的物品或设备挡道，以保证通过者的安全。

卫生间内部动线，遵循使用洗手区的习惯来规划动线。

男士动线：经过洗手区，在小便区和蹲位区分流，使用完成后经过洗手区离开，通道应在 1.5 米以上。

科威特四季酒店 Dai Forni 餐厅卫生间的洗手台洁白的大理石台面，墙面贴具有中东装饰特色的花瓷砖，四周的金边镜面由钻石形的吊灯提供光线。资料提供：kokaistudios

梅料理餐厅卫生间。资料提供：壹树空间设计

TAINO 餐厅卫生间入口
资料提供：YOD Design Lab

女士动线：经过洗手区，到达蹲位区，使用完成后经过洗手区（化妆区）离开，通道应在 1.5 米以上。

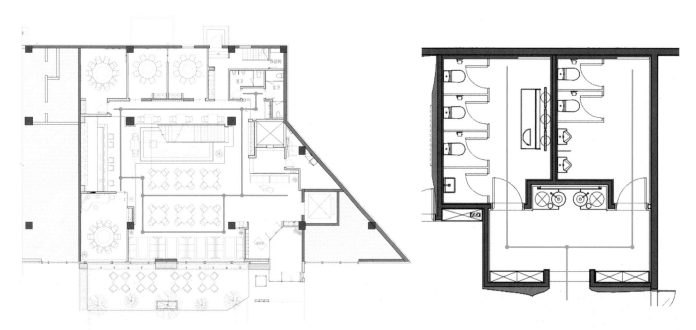

祥云小镇唐廊烤鸭店的卫生间设在角落处，外部动线环绕整个餐厅，线路清晰、顺畅。
资料提供：北京屋里门外

宋·川菜卫生间的内部动线图。公用前室洗手台，左侧为女卫生间，内部设有化妆台，右侧为男卫生间。路线两边分布清晰，道路宽敞。
资料提供：共和都市

卫生间相关尺寸及蹲位数量

入口的尺寸如果是单人进出，门宽 88cm 左右，高 210cm 左右。2 个以上蹲位的，可能是 2 人同时进出，条件许可的话，门宽应在 120~180cm。

洗手盆宽度，单人盆在 80cm 以上，双人盆在 120cm 以上。高度在 80cm 左右。儿童盆高度在 60cm 左右。

一格小便斗占用的空间，宽 80cm，进深 30cm，隔断墙高度在 120cm 左右，进深在 50cm 以上。蹲位隔间的尺度，内部尺寸不应少于 80cm（宽）×90cm（深），常规尺寸 90cm（宽）×120cm（深），门高在 180cm 以上。

常规的成人与儿童组合洗手台

卫生间蹲位数量与规划用餐人数相适配，男女有别。女卫生间，平均使用时间一次 8~10 分钟。男卫生间，平均使用时间一次 4 分钟。

男卫生间：客座小于 100 人设 2 个蹲位；大于 100 人的每增加 50 人增设 1 个蹲位。小便池每 25 人设 1 个。

女卫生间：客座小于 100 人设 2~4 个蹲位；大于 100 人的每增加 30 人增设 1 个蹲位。

无障碍卫生间：客座小于 200 人设 1 个无障碍蹲位。客座大于 200 人，每增加 200 人，可增设 1 个无障碍蹲位。

配套的洗手盆，建议一个蹲位配一个洗手盆，男士每 5 个小便池增设一个洗手盆。

⑩ 楼梯

餐厅中的楼梯，既影响着空间布局的划分，也是二楼以上空间主动线的起点，同时还是空间美学的重要组成元素。

楼梯的定位与位置

楼梯位置的选定取决于它在整个布局中的功能定位、形象定位，以及场地环境、成本控制等因素。如果餐厅主要的垂直交通工具为电梯，那么电梯厅的布置，与开口的位置，就是规划的重点，楼梯是补充。如果以楼梯为主要连接通道，那么楼梯的开口、转折方向、到达的出口就是规划与设计的重点。

1. 功能型楼梯：只做交通构件，追求高使用率，不希望被关注，那么楼梯可以设在一楼的边角位。

2. 景观式楼梯：不单只是交通构件，同时还希望是餐厅空间美学的组成部分，则可以在中心位置或主要视觉位置设置。

岁寒三友餐厅的功能型楼梯，设置在边角处。
资料提供：今古凤凰

红公馆餐厅的景观型楼梯，设置在一楼的显眼处，造型上采用旋转式。
资料提供：南京名谷设计机构

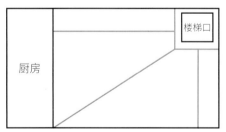 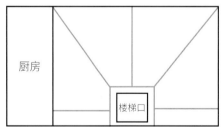 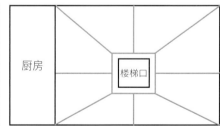

一般而言,楼梯开口设在餐厅的边角位,比较节省面积,能保持用餐空间的完整,但相对顾客动线会较长。

楼梯开口在边中位,客人上来可以纵览全局,动线分布较合理。

楼梯开口在中心位,客人到达各个功能区动线最短,使用方便,但是比较浪费餐厅使用面积。

楼梯定位和位置选择并没有标准答案，需要设计师在综合评定各种餐厅要素后，作出最适合餐厅情况的方案。

楼梯造型的设计

楼梯从形态上来说，可分为直跑楼梯（直行单跑和自行多跑楼梯），平行双跑楼梯，平行双分、双合楼梯（合上双分式和分上双合式楼梯），折行多跑楼梯（折行双跑和折行多跑楼梯），交叉、剪刀楼梯（交叉和剪刀楼梯），螺旋楼梯，弧形楼梯等。

对于餐饮空间来说，单跑楼梯虽然节约空间，但中间没休息平台，走起来有些辛苦。平行楼梯从使用舒适度、经济实用角度来说都是比较受欢迎的楼梯。剪刀楼梯能同时通过较多人流并节省空间，人流量大的餐厅可以考虑使用。螺旋楼梯造型优美，节约空间，但行走欠舒适，对于一些精品会所、精品餐厅、不在乎人流量的餐厅，可以考虑使用，或者在大型餐厅局部使用。

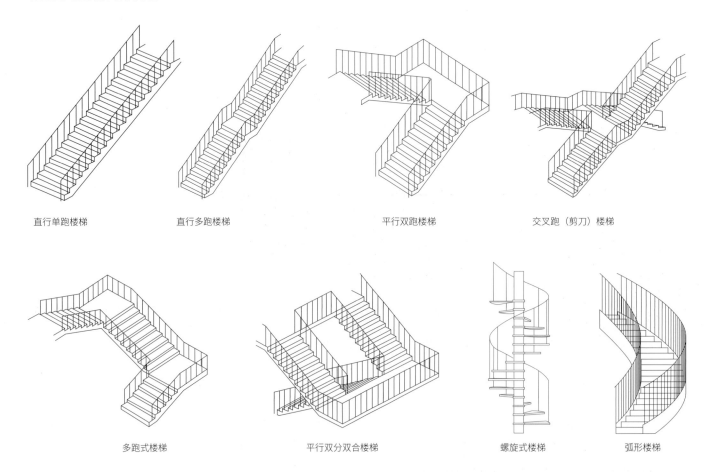

| 直行单跑楼梯 | 直行多跑楼梯 | 平行双跑楼梯 | 交叉跑（剪刀）楼梯 |

| 多跑式楼梯 | 平行双分双合楼梯 | 螺旋式楼梯 | 弧形楼梯 |

圆形、半圆形、弧形楼梯，由曲梁或曲板支撑，踏步略呈扇形，花式多样，造形活泼，富于装饰性，可根据环境地形的特色选择使用。

由 DA.Design & Architecture 团队设计的 PIZZA 22 比萨店，内部大厅中心采用显眼的红色直行单跑楼梯，功能与装饰并举。

资料提供：DA.Design & Architecture

五、餐厅灯光

餐厅吃的不单是口味，还有氛围。灯光的设计在氛围营造中起画龙点睛的作用。大众型、经济型餐厅一般较为明亮，而高级餐厅及注重私密的餐厅，则多使用重点照明。

白天的光影与灯光设计不宜刺眼，让人感觉舒服。

夜晚的灯光或比较暗处的空间，灯光应满足行动的需求，不能暗得让人行动不便。不同功能区灯光的应用是不同的。

① 入口

餐厅入口通常要足够明亮，方便客人对环境有个大致的了解，接待台、收银台是设计的重点区域，如果有背景墙，可以有特殊造型的照明，但不要刺眼，以免让客人感到不舒服。

杭州多伦多自助餐厅（来福士店）入口处，特别设计的灯光。
资料提供：上瑞元筑

② 用餐区

当客人坐下来点餐和用餐时，餐厅优先照明的是餐单和食物，桌面一般要打光，投射型灯具是较理想的用餐光源。要注意的是，同一张桌面的明暗度不要反差过大。避免抬头看到刺眼的投射灯，可以用有灯罩的吊灯来营造气氛。无灯罩的吊灯不能太亮，温度也不要太高，卤素灯灯光效果较好，但 LED 灯更为节能、热度低。为营造氛围，桌上也可以点蜡烛辅助照明。

船歌鱼水饺淄博店（左图）
资料提供：华空间
烧肉达人（右图）
资料提供：古鲁奇设计

用餐区的照明设计重点是桌面，为了让客人感觉更私密，桌面以外的空间，可适当压暗光线。

③ 走道

餐厅里的动线，灯光应有引导性，无论客人寻位入座、在餐厅行走、前往洗手间，沿路都能轻松辨识道路，每个端点还应有重点打光。灯光可以是上方照明，也可以是下方照明。

王家渡火锅北京金宝汇店。资料提供：经典国际设计
餐厅使用暗调装修，通道照明保持明亮，方便客人行走、辨识方向。

AKATOAO 赤青餐厅。资料提供：SODA
从接待区到用餐区须经过一个通道，两侧墙身都有灯光做引导。

④ 吧台

吧台往往是餐厅的照明重点，特别是供应酒水的吧台，操作区灯光应明亮，便于吧台服务生进行操作。

TRIBECA 南京河西旗舰店
酒吧灯光可以暧昧，但吧台还应适度提亮，方便客户一眼能找到吧台，并且容易分辨有哪些酒饮可以选择。
资料提供：南京市线状建筑设计研究室

⑤ 洗手间

洗手间内及沿路的灯光应有足够的亮度，方便客人行走。洗手盆区灯光明亮，如果有镜面供客人整理仪容，最好有正面打光。

左中右图分别为 TRIBECA 餐厅（资料提供：南京市线状建筑设计研究室）、Spicy No Spicy 餐厅（资料提供：YOD Design Lab）、宙 SORA 餐厅（资料提供：ODD）的卫生间灯光设计。

卫生间的等候区灯光应明亮，而在蹲厕间灯光可以稍暗或适度变化，让客人有私密感。

⑥ 厨房

厨房灯光要明亮，上方射下的灯明亮不刺眼，厨师在操作时灯光不会直射人眼。在烟机下方、吊柜下方还应有补充照明，以方便厨师辨识清晰，安全操作。

ENUSE 餐厅厨房。资料提供：CHRIS SHAO STUDIO

泰钰丰后厨烤鸭房。资料提供：古鲁奇设计

六、餐厅设计赏析

您认为餐厅设计各个环节（部分）里最重要的是哪一环？ 平面规划。结合有限的空间（比如面积、构造等）和与店铺运营相关需求的条件，设计一个怎样的空间需要花费很长的时间去考虑。

接下一个餐厅的设计委托，工作会从哪里开始？ 首先是和客户直接见面，交流一些关于项目的事宜，比如项目的定位和设计期望，现场的状况以及根据这个状况大约需要多少时间等等。不会立刻开始做平面图或具体的效果图。

在餐饮空间设计中，您希望带给客户哪些体验？ 近些年来，外卖的流行使得大众的饮食习惯发生了巨大改变。虽然带来了便利，但外卖造成了我们在饮食及生活上的交流缺失。希望客人进入这个餐饮空间，能在温馨的交流过程中得到愉悦的用餐体验。

日式料理在中国非常受欢迎，您认为日式餐厅与中式餐厅在设计上有哪些不同？ 日本文化大多来自于中国，但经过了很长时间的自我发展才有了现在的体系。最大的不同点是从茶文化开始发展起来的日本饮食文化里强烈的情感上款待的意味。

设计同样存在其背景，中式餐厅普遍是喧哗的、富丽堂皇的，日式餐厅则是简洁的。光影之间完美的控制在空间里是必不可少的元素。希望能让前来体验日本饮食文化的客人也能在这样的环境中感受与此相契合的日本文化。

现代的餐厅设计已经不仅仅是完成空间使用功能的打造，还要全面提升体验感和文化内涵。通过细节，提高餐厅的吸引力，令客人愿意主动推荐并增加回头率。能请您以宙为例，谈谈高端日料餐厅，在每一个功能区都做了哪些精心设计，带给客人极度舒适的体验吗？ 以宙 · SORA 日本料理为例——

○ 一步一景的体验：我们在设计宙时，希望空间能最大限度地变得有趣。空间上，在设计包间和公共区域时，感官上"一步一景"的体验是我们的侧重点，即如何能使视觉体验更加多变和动态化。简单来说，就是在客人移动的过程中，随着角度和位置的变化，他们所看到的景观也是不同的。

○ 尺度的变化（scale variation），在宙的设计上，近处看是组子细工的部分在远处看构成了一幅浮世绘。

① 餐厅整体规划的原则是什么？ 整个空间在满足座位数量需求的情况下，进行每个不一样的体块在空间的展示，就像神经系统的运作模式一样，每一个神经细胞都是独立的存在，神经中枢作为桥梁连接每一个细胞来传输信息。我们的空间设计就在模拟这种运动模式。

空间中将这些可能结合在一起的有趣的体块进行了连接，而其中的媒介即是景观。在空间中，巧妙的动线布局通过景观的连接，把看似每个独立的包间连接在一起，形成一个整体。

② **门头、外墙、外部环境的设计**　　　　外观的设计中，尊重万豪酒店大楼外观的整体协调性。入户门的设计用原木色饰面，配上枯树枝形状的艺术把手，让入口的设计更加自然。外部景观的设计中，采用日本传统的枯山水形式，不同的区别在材质的运用上，传统的木栅栏由黑色钢板切割焊接制成，前面一层喷涂店铺图案，后面一层印有店铺 LOGO，在正前方看会形成一个整体，非常有趣的设计形式。

③ **接待区、等待区的设计**　　　　区别于常规的模式，接待区与等待区的形式更像是一个景观的形式存在，在设计上弱化凸显其功能状态的存在，更加融入整体的空间。

④ **大厅的设计**　　　　整个大厅的设计以黑色为主，大面积精工雕刻木花格排列成一整幅云海的画面，在大面积的灯光膜的映衬下，显得十分壮观。公共空间的形成其实是由左右两侧的包间，自然形成餐厅的公共路线。看似是不经意间形成的状态，让人感觉很轻松自在。

⑤ **隔间、包房的设计**　　　　包间的设计上，我们不想每个包间都是一种形式。最理想的状态是每个包间都能表达它自己的语言，有的自然淳朴，有的高雅风尚。每个独立包间，在景观的连接上又把它们形成一个整体。在大包间的设计上我们在客人动线上做了很大的改动，包间分为两个入口，客人为单独入口，服务人员入口会配有备餐台功能。

⑥ **通道的设计**　　　　始于景观，终于景观。在空间动线上，我们设计以景观为中心，在客人行走的路线上，采取一步一景的理念，体现了餐厅设计上精细一面的同时，又能围绕我们的设计原则去延伸。

⑦ **卫生间的设计**　　　　女卫的设计运用柔美的线条，也是第一次用双层夹胶玻璃，画面是我们自己设计的，包括镜子也是做很多次实验才成功，有一个渐变的变化，更像是一轮明月散发的柔和的光。

⑧ **后厨或明厨的设计**　　　　两个寿司包间都是由日本厨师板前制作完成的。两个寿司包间的设计出发点是不同的，一种是稍微传统的形式，设计的吊柜的门板也是与公共区域的整体花格相契合，寿司吧台的一侧开窗，一整条实木台面穿过，透过侧窗，坐在吧台的客人的视线尺度能最大限度地延长。另一种包间是比较现代的形式，设计中的材料运用了现代有质感的镜面钢板，整个空间仿佛是又嵌入了一个黑色盒子。两个寿司包间都是客人与服务人员流线分开，服务人员入口处都配有备餐台。不管是现代也好，传统也罢，都是以为客人打造舒适放松的体验空间为基础，让客人在忙碌的生活中感受生活的惬意和闲暇。

另外，很重要的一点是，委托我们来设计的业主们，大多都喜欢尝试新颖的或有趣的设计。日本茶道讲究一期一会的精神，日式的用餐空间更应如此，珍惜客人的每一次光顾，我们希望用餐空间的设计能够尽可能地表达我们对每一位用餐者光临此处的感谢和尊重。

现在室内设计分工越来越细致，类型也多样，包括餐厅、商场、办公室、KTV等细分。请问餐厅与其他商业室内设计的主要区别在哪里？　　餐厅设计与其他商业室内设计主要的区别还是消费客群的不同，另外针对这类客群所提供服务的内容和方向性也不同。现在的大多数人在注重口味的同时更看中的是就餐环境的舒适度和趣味性。一处设计优良的餐厅环境已经成为当下人们主要社交的中心场所。

餐厅设计各个环节里最重要的是哪一环？　　最重要的一环是深切地了解每一个餐厅所针对的不同社会群体，然后为这样的特殊群体量身定制属于他们的专有特色环境。原则是设计上必须体现出自己的独特性和唯一性。整体规划上不仅功能设计合理，而且空间上足够有趣，有足够的可识别性。

接下一个餐厅的设计委托，工作会从哪里开始？　　每一个项目的开始，我们都是从市场调研开始，找准客群定位，深入分析客群需求取向，然后再着手开展总体的设计工作。

有些专业餐厅设计公司，服务范围已经从空间设计拓展到商业模式、商业顾问、品牌形象等领域，你对这种业务范围的拓展是怎么看的？　　这应该是餐饮界未来发展的一种需求和方向。

现代的餐厅设计已经不仅仅是完成空间使用功能的打造，还要全面提升体验感和文化内涵。通过细节，提高餐厅的吸引力，令客人愿意主动推荐并增加回头率。你能从以下几方面谈谈，设计如何提升餐厅的引流能力吗？

① 餐厅整体规划的原则是什么　　餐厅在整体规划上要做到空间分区明确，各功能区主次分明，保证通道足够尺度，动线清晰，注重使用者使用感受及人流动线通畅有序，有条件的话可以使客人动线和服务动线分开，便于后厨和服务人员及时沟通并有效提高服务质量。

② 门头、外墙、外部环境的设计　　外观设计上要么能够跟环境有机地融为一体，要么就跟环境形成巨大的反差。总之也是要有自己足够的特色，让人能够第一眼就识别出来并留下深刻印象。

③ 接待区、等待区的设计　　接待区和等待区是整个餐厅的脸面，设计上必须强化考虑，它能直接带给客人很好的印象和体验。

④ 大厅的设计　　设计的重头戏一定是体现在主体空间也就是大厅的设计上。

⑤ **隔间、包房的设计**　　　　隔间与包房的设计主要是参照主体空间的风格和氛围，起到画龙点睛的作用。

⑥ **通道的设计**　　　　通道的设计需要因地制宜，根据现实情况来做取舍，不能够一概而论。

⑦ **卫生间的设计**　　　　卫生间的设计一定是以干净和舒适为第一要点，其次才是趣味性的考虑。

⑧ **后厨或明厨的设计**　　　　后厨的设计需要尊重厨房使用的规范，做到流程绝对的合理和方便服务于前场。明厨可观性和展示性强，设计需要重点进行处理。灯光和设计氛围的营造可以有很强的渲染性。

佛陀餐吧

佛陀餐吧是一家位于曼哈顿 Tribeca 社区的二层餐厅，主打亚洲美食，该品牌于 1996 年在巴黎创立。该项目的室内装潢由商业设计工作室 Yod Group 设计。设计的主题为"轮回"，这种"转世"的意向在店内的空间，所使用的材料，以及对品牌的解读中清晰地表达了出来。

设计团队在入口玄关的背侧，同时也是酒吧中最主要的大厅空间中，放置了一尊 15 英尺（约 4.5 米）高的玻璃佛像。玻璃的材质打破了人们对黄色金属材质佛像的刻板印象，为神像添加了一丝未来主义的情绪。这尊佛像由近 1000 个平面元素组成，是一座应用了参数化设计的雕塑作品。玻璃的侧边带有磨砂纹理，因此，投影仪发出的光线无法照射到雕塑内部。三维数字艺术投影创造出佛像是全息影像的错觉。这种视觉效果让人们感到这不是一尊重达 15 吨的雕塑，而是一个虚空的容器，容器的内部仿佛酝酿着生命。这座雕塑价值一百万美元。

设计公司：Yod Group

总面积：850m²

主要材料：玻璃、木材、铸铁、钢筋

摄影：Andriy Bezuglov

入口处的玻璃材质佛陀艺术装置

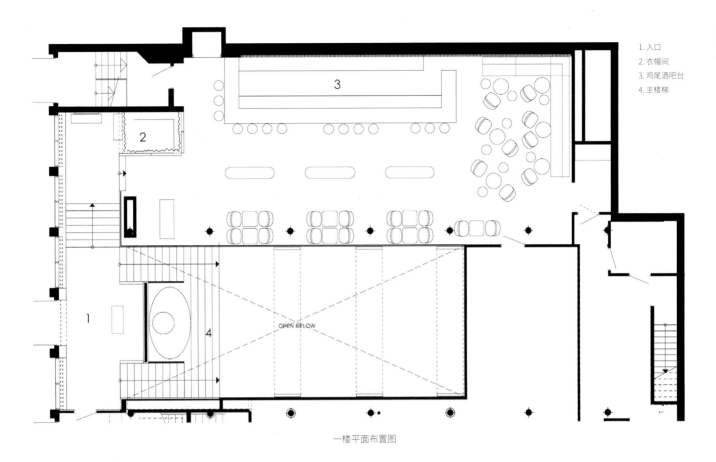

1. 入口
2. 衣帽间
3. 鸡尾酒吧台
4. 主楼梯

3

2

OPEN BELOW

1

4

一楼平面布置图

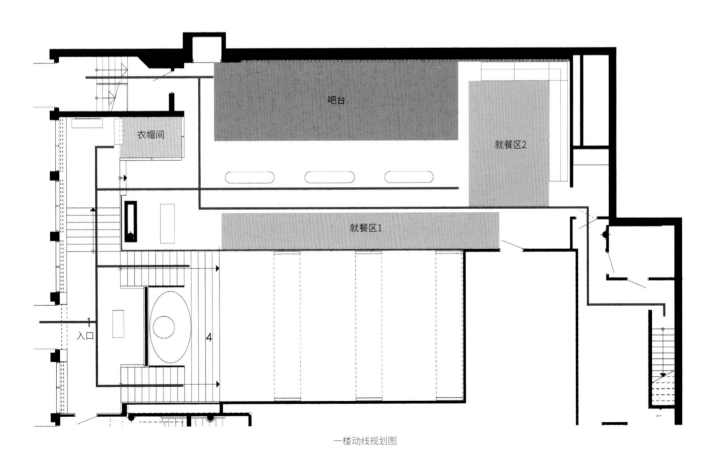

衣帽间

吧台

就餐区2

就餐区1

入口

4

一楼动线规划图

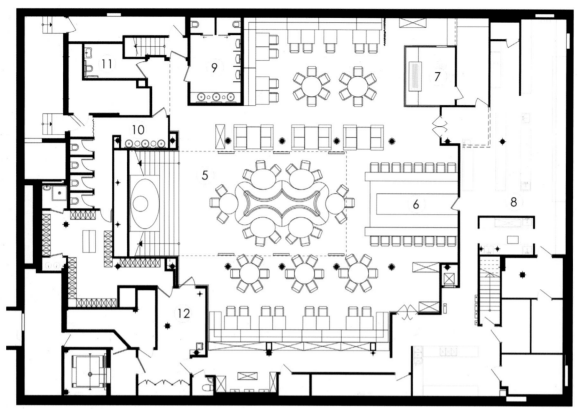

5. 中堂
6. 寿司吧
7. 壁炉吧
8. 主厨房
9. 男士卫生间
10. 女士卫生间
11. 残疾人士卫生间
12. 服务员区域

负一层平面布置图

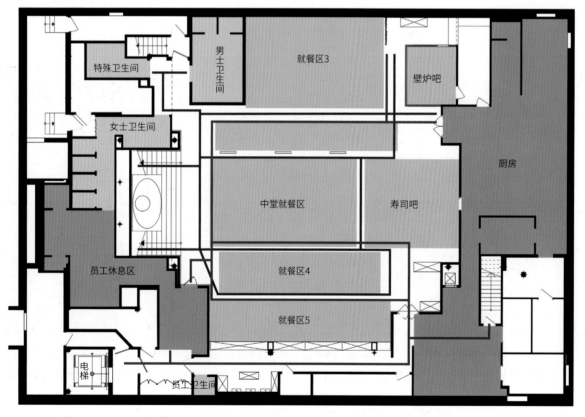

负一层动线规划图

服务动线

就餐动线

路径解析：

该餐厅共有两层，一楼用于小歇和氛围打造，酒吧餐饮功能主要集中在负一层。动线的规划服务线和客户线非常清晰地区分开，通过不同的楼梯走道设置、多点的吧台以及外面的就餐区设置做到尽量少的服务员与客户交叉影响。

负一层中堂就餐区

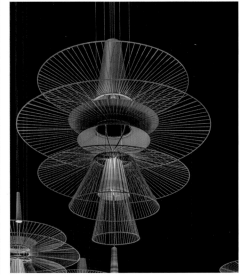

室内的种种细节表达出"轮回"的主题，尤其表现在所采用的木材上，这些木材有着400~800年的历史，并根据其不同的种类与特性分别应用在了墙面与桌面上。

干燥的植物盆景点缀在各个用餐大厅中。此外，设计师还保留了一系列建于二十世纪初的经典阁楼空间元素，铸铁柱子以及建筑原有的梁。由钢筋制成的屏风让人联想到纽约工业繁荣的时代，进一步丰富了空间氛围与视觉效果。

中堂餐厅的大型金属吊灯是由Kateryna Sokolova设计，由法国品牌Forestier出品的。这些吊灯既有东方的美学情调，又如同来自未来时代的无人机，静静地悬在空中。室内的灰、棕、蓝三种色调和谐地交织在一起，将现代设计与建筑的原始氛围完美融合。

一楼入门接待处

一楼鸡尾酒吧台

66

卫生间

负一层就餐区 4、5，背景墙采用的是有 400~800 年历史的木材作为装饰。

伦敦 Hide 餐厅

　　位于伦敦梅菲尔区海德公园边上的 Hide 餐厅是由一栋拥有百年以上历史的老建筑改造而来，该项目由 These White Walls 工作室 和 Lustedgreen 合作共同打造。

　　设计的目的是在原有的建筑结构里重新改造出一个由三层楼房、两间餐厅、五间包间、一家面包房、一个酒窖组成的餐厅。

　　设计团队说在设计的过程中，遇到的最大挑战就是对原有建筑空间结构的改造，其中之一就是原有的巨大外围楼梯，隔挡了室内望向公园的景观。在新方案中，内部空间结构在不破坏力学的基础上，进行重新建模。将楼梯从角落移到空间中心位置，形成一座连接三层楼的巨大螺旋楼梯，既有实用功能，又呈现艺术装置感。并将原建筑的老旧窗户改造成大块的落地玻璃窗，使建筑更显开放，不管是沿街还是面向公园的一面都可以看到更好的景色。

餐厅一楼中心位置的客用旋转楼梯

设计公司：These White Walls and Lustedgreen
设计师：Rose Murray, Flo Barrios (These White walls) / Nigel Green, Samantha Banks (Lustedgreen)
总面积：1350m²
主要材料：有色及白色水洗橡木、再生橡木、玻璃、镀铜、铜板、编织网、软木、纹理灰泥
摄影：Andrew Meredith

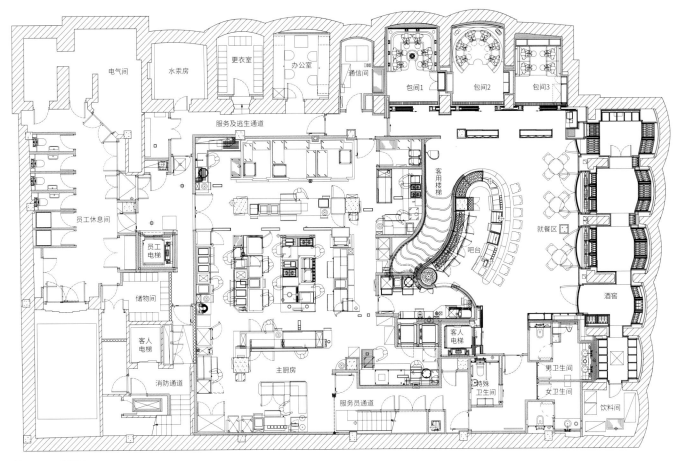

地下层平面布置图

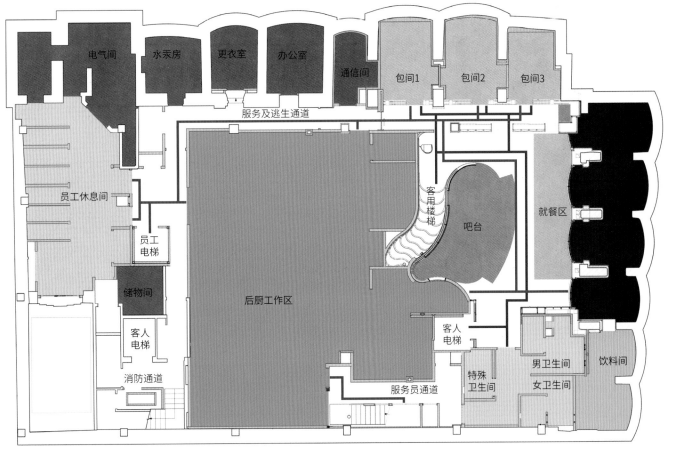

地下层动线规划图

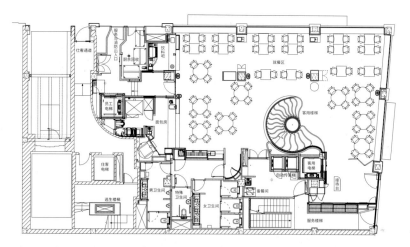

一层平面布置图

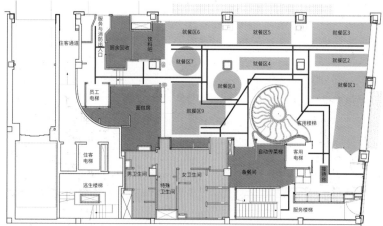

一层动线规划图

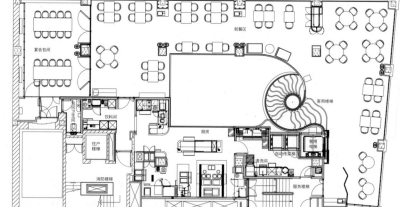

夹层平面布置图

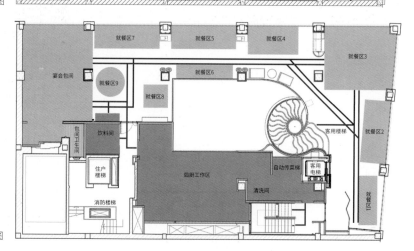

夹层动线规划图

服务动线

就餐动线

路径解析：

餐厅共有三层，在地下层和夹层设有厨房，一层设有面包房，并在后厨区域设有专用的自动传菜电梯和员工电梯以及楼梯，就餐区则有顾客专用的电梯和旋转楼梯，所有动线都十分清晰简洁，对效率提升和就餐体验都有加分。

地下层的酒吧台连接通往一楼的客用楼梯，有机的造型和自然的材质肌理，以及咖啡色调，营造出一种厚重感和舒适性。

室内装饰的设计概念则是根据"家"这一主题构思，呼应了业主委托书中"庄重而又熟悉"的需求。整个室内感觉就像是一座朴素而温馨的家，传统的家庭生活用具（乡村餐桌、铸铁炉灶、木质镶板）以意想不到的方式被重新塑造。

三层楼都有各自独特的呈现，反映在材料的选择和细节处理上。例如使用软木、铜绿和旧木材等，使背景具有强烈的触觉，自然的纹理也体现出厨师的理念："尊重成分的完整性"。

酒窖入口处，墙面的天然石块质感强烈。

包间 2，图书馆主题

包间 3 是 4 人间，装饰大量的陶器。

地下层的图书馆主题就餐包间邀请了女艺术家苏布莱克威尔进行改
造，创作了一个雕塑拱门，拱门由手工折叠的纸张构成，在拱门上和
座椅沙发下都嵌满古董书籍，灵感来自厨师的菜单。

包间入口，墙面采用老旧木材装饰，
十分的古朴庄重。

以由女艺术家雷切尔·戴恩创作的一幅6米长的手工植物石膏壁画作为墙面的主装饰。

夹层宴会包间

夹层和一层的就餐空间

一层的就餐空间

一层接待处和可用电梯入口

整体的设计还有一个重要的挑战，是三层餐厅空间在视觉上的区分与连接：夹层——苍白的玻璃质，一层——暗色、乡村的温暖，地下层——厚重、朴素的自然沉淀。螺旋楼梯在楼层之间绵延而开放地连接，在没有打破各自独立完整性的同时，也将三层空间统一在一起。它每个踏面的色调都在移动中渐变，从夹层的淡橡木渐变到地下层的深色橡木。

Deep 酒吧

Bezuglov Deep Bar 位于乌克兰圣第聂伯罗市一个两层楼的场所，将酒吧与花卉商店和小咖啡馆结合在一起。一楼的一个小大厅有展示窗，可以俯瞰中央街道之一。那里有一家花店，里面有几张咖啡桌。巨大的橱窗可以让你看到鲜花和酒瓶并排而列。一楼作为进入大厅，连通地下负一层的酒吧空间。Deep 吧内部有两个相对独立的空间。第一个是葡萄酒吧，具有高高拱形天花板的围合空间。第二个是带休息室座位的鸡尾酒酒吧。此外，还有一个吸烟区，一个水烟区，一个部分打开的厨房和一个 DJ 场所。

内部的主要材料是橡木。设计师使用了大量的回收材料，这些材料是大约 70 年前曾经应用于另一座建筑的板材，加上细腻灯光方案，营造出一种洞穴般的舒适氛围。设计师将没有窗户的空间缺点变成了一种特色，带给消费者独特的体验。在鸡尾酒酒吧的大厅里，您可以看到天花板上悬挂着一些树根。它们在概念上连接了场地的两个层次。它们象征着一楼花店的花的根。通过这种方式，与项目周边环境相呼应。一朵花不可能没有根，这个世界上的任何东西都有它的原因和后果。一切都是相互联系的，每个行动都有一些根源。

设计师从分析空间的优缺点开始，根据分析与引导，为客户提供了"根和芽"的设计概念。这个想法塑造了这个地方的特点。

吧台 2

设计公司：Yod Group
总面积：437m²
主要材料：橡木
摄影：Andriy

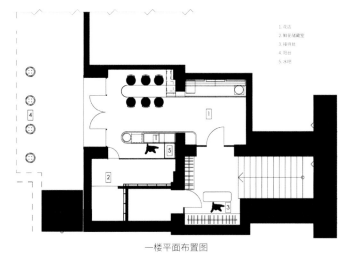

1. 花店
2. 鲜花储藏室
3. 接待处
4. 阳台
5. 水吧

一楼平面布置图

一楼动线规划图

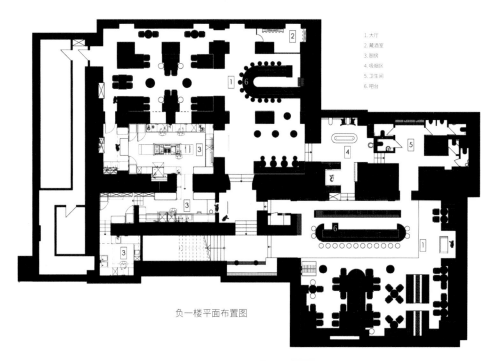

1. 大厅
2. 藏酒室
3. 厨房
4. 吸烟区
5. 卫生间
6. 吧台

负一楼平面布置图

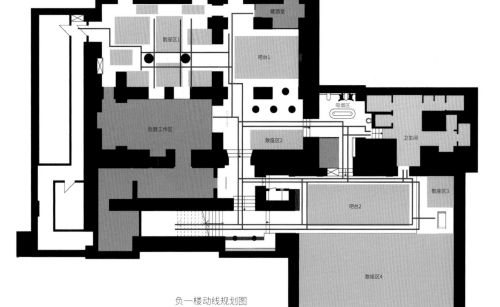

负一楼动线规划图

服务动线
─────────

就餐动线
─────────

路径解析：

该酒吧集中在地下一层的洞穴空间，一楼主要用于出入口联通。所以动线的规划主要集中在地下负一层。服务线和客户线是高度重叠的，贴合密室空间的氛围。

吧台 1

木槽制成的脸形装置

入口连接吧台 1 的背景墙装饰了一个由木槽制成的脸形装置。设计师把它设置在吧台后面，隐喻着对自己和对世界感到满意的和平人的体验。大多数人来酒吧是为了获得这种感觉。

连接一楼和负一层的楼梯

通往地下负一层酒吧的入口接待处

散座区 2

吸烟区

散座区 4

散座区 4

Ensue 餐厅

设计师邵程第一次与该餐厅的主厨 Christopher Kostow 见面是在他美国加利福尼亚州 St. Helena 的农场,受到侘寂美学的启发,Kostow 用最简单的形式来呈现他的烹饪哲学。在沟通完对 Ensue 餐厅的设计构思后,他问邵程"你觉得什么是奢侈?"当时邵程的回答是:"对我来说能唤起人们情感起伏的东西是最奢侈的。奢侈对每个人来说的意义都应该是不一样的,它应该是很私人的一种情感。"这时,Kostow 指着农场里的一棵树说,这对他来说就是最奢侈的。在那个瞬间,设计师有了设计这个餐厅的全新灵感和方向,希望把这种朴实无华的自然主义带到深圳这样一个极其现代的城市里,看似很冲撞,却又浑然天成。

在 Ensue 餐厅的设计中,设计师想通过将最本地的做法与当代思想融合统一,找到一种新的情感奢侈品。东方思想哲学与西方的执行将融合创造一个空间,呈现一种不一样的风格和优雅感。

这个概念是用侘寂审美来实现的,它用来颂扬瞬间和不完美。同时,此餐饮空间的打造也体现出设计团队对材料质感的极致追求,每一处细节的机理效果和触感都体现着自然的美。

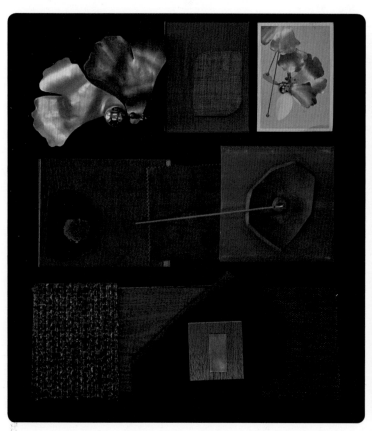

设计公司:召禾室内设计有限公司
设计师:邵程
总面积:1000m²
主要材料:木纹铝板
摄影:Lit Ma & Kelly Puleio Studio

灯光设计:Isometric (Hong Kong) Lighting Design
施工:广州诺图装饰工程有限公司
花艺设计:山茶岛 Fanfan Chow

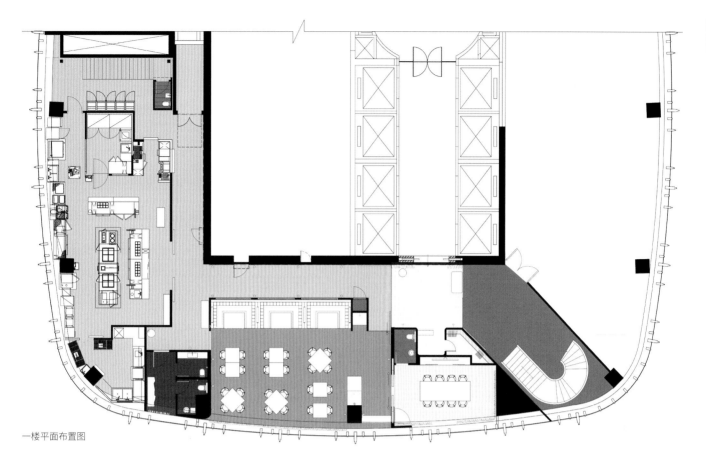

一楼平面布置图

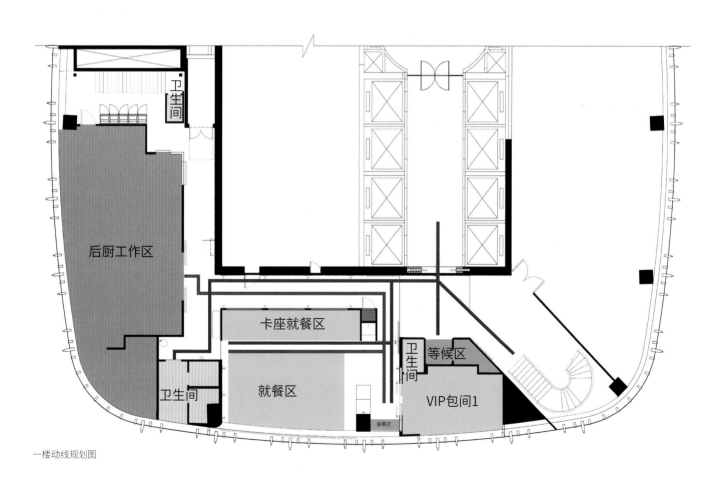

卫生间

后厨工作区

卡座就餐区

卫生间

卫生间

等候区

就餐区

备餐区

VIP包间1

一楼动线规划图

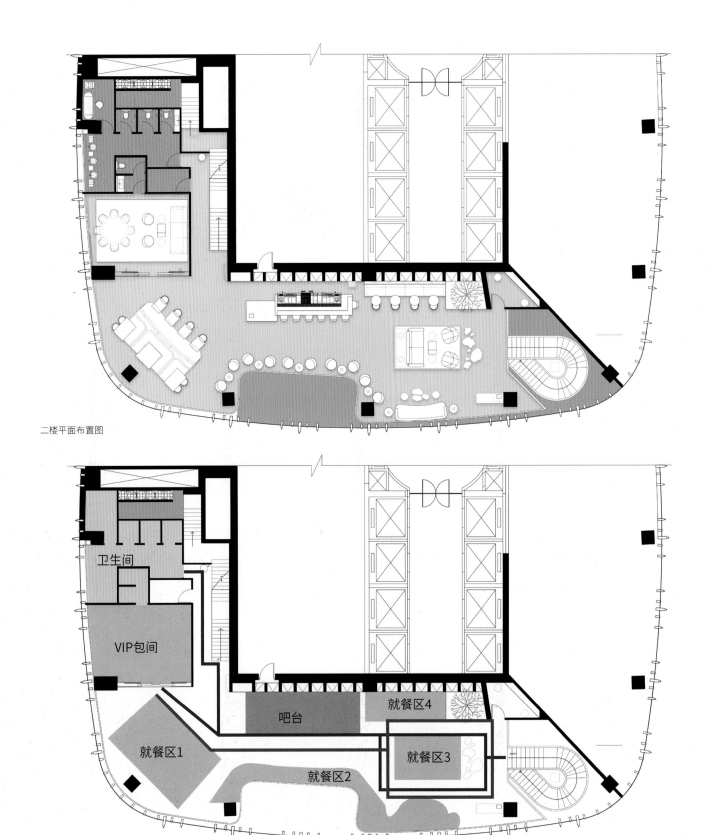

二楼平面布置图

卫生间

VIP包间

就餐区1

就餐区2

吧台

就餐区4

就餐区3

二楼动线规划图

服务动线

就餐动线

路径解析：

该餐厅共有三层，分别是餐厅、酒吧和私人暗房。餐厅和酒吧的服务动线都各自独立，互不干扰。客人动线通过共用的楼梯通道连接，三楼的私人暗房则走独立的楼梯通道。

入口接待处

走进 Ensue，首先感受到的是 Napa 的自然景观和深圳的粤式风情。入口的背景墙是由当地艺术家手绘完成的中式韵味的山水壁画。配上马饰壁灯，它描绘了一个雾气弥漫的场景，给整个空间定下了一个幽暗、舒适、亲人的基调，让您体验到自然的弥足珍贵。

同样值得一提的是 Rosie Li Studio 手工制作的入口迎宾雕塑吊灯。这个吊灯用现代工艺和美学展现了花和树枝。同时，花卉雕塑又能柔化空间的氛围，抛光黄铜材质又让它很有存在感。天花板上倾斜的瓦片来自传统的广东建筑。

定制的鹿角接待台灵感来自于大厨 Kostow 书中的元素，让人联想到 Napa 乡村生动的自然景色。

由内向入口处望去，雕塑吊灯十分亮眼。

主餐厅大堂

主餐厅卡座区

主餐厅的设计为了着重凸显食物的色香味,背景颜色选择了中性的灰色调。木材、墙面、布料、桌椅,以及结构中的细节成为了设计的核心和灵魂。没有花哨的外形,致力于将食物最本真、最原始的风味做到极致,用最质朴的形式呈现出来。

主餐厅边上的 VIP 包间

主餐厅旁边有一个可以容纳十位客人的私人包间。

首先映入眼帘的是由意大利 Minotti 制造的浅色橡木桌和三个 Apparatus 的装置吊灯,给人一种庄重的仪式感。镶有黄铜边的木地板让这个空间有了框架,同时定制的地毯又起到了软化空间质感的作用。落地窗采用了浅米色透明面料,从深色的木质墙壁中缓缓延伸出来,与白色威尼斯石膏天花板相结合,营造出柔和与梦幻的感觉,跟主餐厅的深色暮光感形成对比。

包厢由铜木材质的双拉门隔开,给在这个空间用餐的客人提供一种特别的定制 VIP 体验。

通往二楼酒吧的圆形白色楼梯通道

包间外的备餐区

二楼酒吧大堂

连通一楼和二楼的树枝灯饰

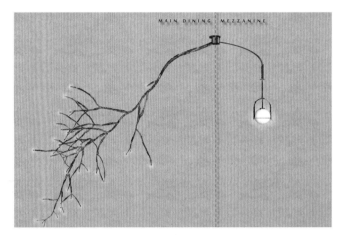

MAIN DINING | MEZZANINE

设计这个餐厅很大一个挑战是如何利用好香格里拉酒店顶楼的这个空旷高挑的空间，使餐厅最大化利用它的层高，落地窗呈现出深圳的无敌景致。为了使 Ensue 主餐厅区域享有超高的落地窗，充足的光线和景致，二楼酒吧夹层退让出挑高空间，让客人更强烈地感受到这个空间的震撼。同时也让二楼酒吧的客人可以一瞥楼下的用餐环境，感受两种完全不同的氛围。整个挑空公共空间里吊着一个特别设计的树枝灯饰，这个设计将大自然元素带进室内空间，由一个树枝与圆形灯饰做了一个左右平衡的杠杆，并点亮树枝端点，成为整个挑空公共空间的点睛之笔。同时也象征着自然与现代设计元素的重组与和谐共处。

酒吧吧台

在这个夹层空间，酒吧吧台后有一个别出心裁的设计是用折叠状的玻璃来完成的，其垂直高度高达 7 米，这个类似折扇一样的玻璃不仅是一种外面景象的延续，同时玻璃上隐约的 NAPA 图景也让你有种虚幻的感受，一种身处城市又感觉是在 Napa Valley 的幽静。

空间主色调为浅橡木色，用来映衬朝暮，晨间第一缕光，给这个主题以轻盈感。在夜晚，Alcove 的高峰运营时间，浅浅的橡木配上幽暗的灯光也让环境更有情调，更加私密。

酒吧大堂一角

二楼酒吧 VIP 包间

二楼的私人包间采用了一种新的设计语言，灵感颜色选择相对明亮，运用了很多有线条感的设计，少了一楼包间的正式感，风格相对轻松愉悦，配有休闲沙发和八座圆桌。包间里面的挑高空间让人格外惊喜，抬头能看见精心设计的树叶水滴灯被玻璃环绕。

这个包间设计的灵感来自晨露，传统的中国厨师会在晨间第一缕光升起的时候采集睡莲上的露水，并用其为客人沏茶。由于其纯净的特质，它被认为是最奢华的饮用天然成分。

二楼酒吧卫生间和化妆室

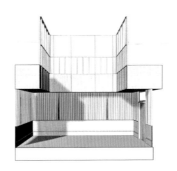

连通二楼和三楼的"树叶水滴灯"的空间结构。

连通二楼酒吧 VIP 包间和三楼秘密区域的艺术装置"树叶水滴灯"，悬挂的枯叶与晨露的概念相反，灵感来自于干花和干植物，采用这样的元素来表达大厨 Kostow 想要的侘寂感觉。二楼 VIP 包间的地毯选用蓝色，象征从叶子上滴下来的露水，将这种干湿元素并置。

三楼私人暗房 1

三楼设有"秘密"区域，通过酒廊背后的楼梯客人会进入两间私人暗房，给客人的体验创造更多戏剧性和独特性。

抵达后，客人唯一能看到的是一个伪装的书柜。在书柜看似漫不经心的陈列品中，隐藏了一个暗门开关，按下最左边的书，书柜将缓缓挪开。书柜打开后内置是一个阅览室，玻璃窗下面定制的柜子上摊开着精心挑选的书籍，鼓励客人翻阅。透过玻璃，窗外是之前介绍的枯叶水滴灯，往下能看到二楼包厢的景致。

三楼私人暗房 2

往左能看到三楼的另外一个包间，里面有着相似的书籍展示柜和休闲沙发，不同的是里面的设计加入了更多的中国元素，用刺绣面料装点灯饰，并且用格子西装的灵感做了拼接的地毯。

辣？不辣亚洲香料主题餐厅

　　香料对人的情绪、欲望、感官有着直接的影响，在亚洲的美食烹饪中，各式各样的香料是非常重要的组成部分。

　　位于乌克兰的"辣？不辣"亚洲餐厅，就是一家以亚洲香料为主题，主营越南菜的餐厅。

　　餐厅空间设计的一大特色是采用全开放式的明厨与酒吧台，顾客可以在用餐的过程中欣赏厨师制作美食的过程，也能通过与厨师的交流，了解更多有关亚洲香料的知识。

就餐区 2 与酒吧区

餐厅以暖色调的木材和哑光的铝板饰面作为主调，起到平衡色感的作用。

设计公司：YOD Design Lab

设计师：Volodymyr Nepyivoda、Dmytro Bonesko

总面积：200m²

主要材料：木、铝、竹格栅

摄影：Andriy Bezuglov

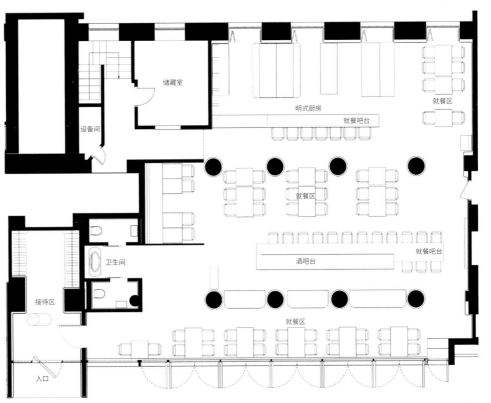

平面布置图

储藏室

明式厨房

就餐吧台

就餐区

设备间

就餐区

卫生间

酒吧台

就餐吧台

接待区

就餐区

入口

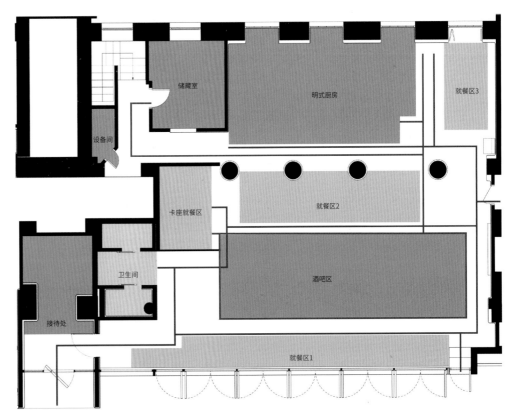

动线规划图

储藏室

明式厨房

就餐区3

设备间

卡座就餐区

就餐区2

卫生间

酒吧区

接待处

就餐区1

服务动线

就餐动线

路径解析：

开放式的厨房和酒吧台占据餐厅空间主体，四周配有高脚餐位，其他

就餐区环绕四周，服务动向和客户动线交织在一起，热闹非凡。

餐厅大门

接待处，这一区域由红砖覆盖地板、天花、墙身、接待台，别具特色。

位于餐厅中核心位置的酒吧台

酒吧台右侧面的墙面装饰有数十种由玻璃瓶装着的亚洲香料。

明式厨房，配有长条的高脚吧桌，顾客可以在此处就餐，并观看厨师制作美食。

进入餐厅后的第一视角

位于临街玻璃窗口的就餐区 1

就餐区 3，木栅格镂空窗户，光线在此流动。

卡座就餐区

内部的主要装饰元素，由安装在天花板上的 600 个从越南定制的装饰性竹渔篓，8 根带有木雕刻表皮的结构柱和镂空的木质栅格组成。

白天，自然光线通过全景的玻璃窗户和木栅格挥洒在餐厅空间中，给人留下了住在越南平房里的印象。

晚上，人造的灯光透过装饰材料的缝隙投射在桌面和柱子上形成层层叠叠的阴影，营造出一种带有神秘感的东方文化空间氛围。

卫生间，外部采用原木进行隔断，内部则是冷峻的水泥灰色调，形成强烈的对比。

金枪鱼精品餐厅

Balfegó 是来自西班牙的 Catalan 地区 海岸小镇上的家族姓氏，他们世代在地中海流域贩卖红色金枪鱼。 如今，Balfegó 是全球最大的金枪鱼销售商，尤其受日本主厨们的青睐。 然而，广大消费者对这个品牌的了解仍旧微乎其微。 出于向广大消费者介绍"Balfegó"的考虑，老板创办了这家餐厅。该项目力求通过设计来展示一个美食空间，推广红色金枪鱼这一高品质食材，同时让公众了解"Balfegó"这个品牌。

餐厅位于巴塞罗那商务、交通中心 Avenida Diagonal。 这里除了可以以多种形式品尝金枪鱼，还能了解有关金枪鱼的方方面面知识，从外观差异到不同部位的烹调用途，以及多样的切割手法。餐厅室内空间的设计围绕着增加大众对红色金枪鱼的兴趣为目的展开，在不同区域的设计也反映着产品的不同方面，包括捕捞过程。

设计公司：EL EQUIPO CREATIVO

设计师：Oliver Franz Schmidt、Natali Canas del Pozoy、Lucas Echeveste Lacy

总面积：352m²

主要材料：瓷砖、原木、纺织品、树脂

摄影：Adriá Goula

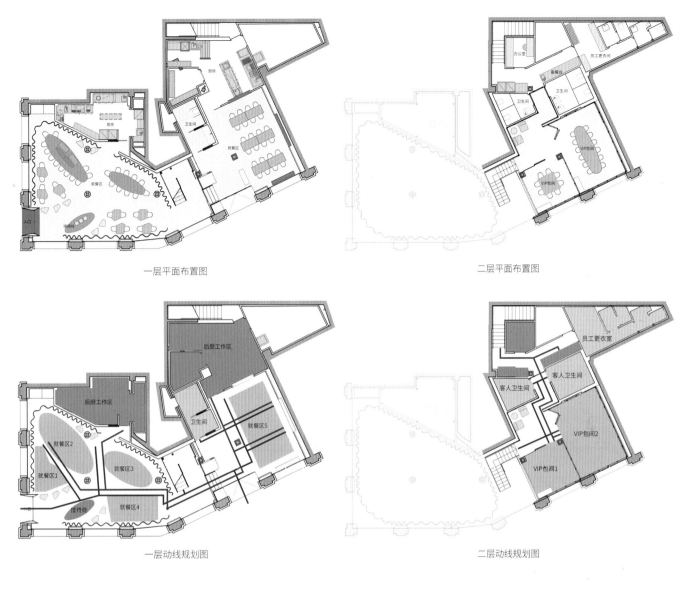

一层平面布置图

二层平面布置图

一层动线规划图

二层动线规划图

餐厅结构立面图

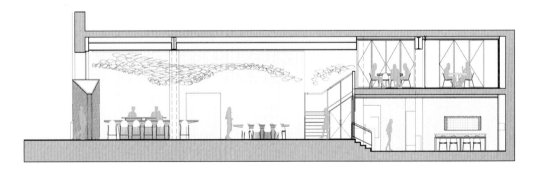

服务动线

就餐动线

路径解析：

餐厅分上下两层，每一层都设有独立的卫生间，并在厨房设有独立的员工和传菜通道。动线相对独立，尽量减少员工的移动路径，提高服务效率。

顶部装饰为由树脂制成的游动鱼群，是整个餐厅的视觉亮点。

渔网状的蓝色窗帘和红色内面座椅

餐厅共有上下两层，二层只占据一半的面积，所以一层的公共就餐区拥有足够的高度。设计师在此区域以蓝色为基调，在四周围上一个 5 米高的犹如渔网般的半透明窗帘，并在吊顶上以树脂制作一群螺旋形游动的"鱼群"装置。旨在营造出将客人带到海洋深处捕鱼现场的体验感。

顾客一进门，便可以看到三个黑色面板的椭圆不锈钢接待台和餐桌，宛若在海中畅游的大金枪鱼。对于座椅，设计师选择了类似金枪鱼肉的红色内面，和深蓝色的空间形成强烈对比。

就餐区 5 是一个半开式的 Ronqueo 主题就餐空间，"Ronqueo"是一门解剖金枪鱼的传统手艺。在这里不但可以就餐，还可以进行各种关于金枪鱼的课程、会议等活动。

设计师参考了金枪鱼蓝、银色鳞片发光的特点，设计不同色调和形状的瓷砖，用于贴裱该空间的地面和墙壁，而暗红色的窗口和吊顶则与深蓝色瓷砖形成对比，就如同金枪鱼的深色表皮和深红色鱼肉，让人恍如进入金枪鱼的内部一般。

就餐区 5 连通厨房的推拉式门口，与墙壁一体化设计。

一楼卫生间的洗手台

位于餐厅二层的两间包间，中间的隔断金属门可以打开连通，用于会议，小型活动或私密用餐。受金枪鱼肉的启发，设计师选择了一种色调浓重、纹理清晰的木材装饰墙壁、地板和天花板，营造出了一种有别于楼下的温暖舒适气氛。

包间中最突出的视觉特点就是红色的木制长桌，其形体和纹路恰似金枪鱼的鱼骨架。

VIP 包间 1，面向 1 楼的蓝色大厅是敞开的。

VIP 包间 2，与 VIP 包间 1 通过可移动金属门分隔。

OPASLY TOM 餐厅

OPASLY TOM 餐厅位于波兰首都华沙市的市中心，是一个 260 平方米的错层式空间，拥有着不同大小的用餐空间，为人们提供波兰地道美食。餐厅内除了常规的就餐空间之外，还设有一间带有阅览室的酒吧和一个酒窖。

本项目在设计中所面临的最大挑战是如何处理一系列尺寸和高度都各不相同的非标准型空间。因此设计中至关重要的一点是采用一种方法来将所有的空间连起来，并将其整合成一个协调的整体，从而给顾客们带去一种别样的美学体验。

主要的方法就是在室内色调的选择上采用一系列大自然的颜色，如珊瑚色、鼠尾草绿、蜂蜜黄、蟹青等，这些色彩被运用在各个用餐空间之中。内墙上覆有天鹅绒软垫波纹钢饰面，不同颜色的褶皱将不同的用餐空间限定并区分开来。同时白杨木饰面也被应用到餐厅空间的墙面和家具上，这种简约和原生的设计手法在视觉上产生了一种连续的整体性，同时也充满着美学的视觉效果。

上层的就餐大厅
上层空间设有宽敞的大厅，设计在面向大街的位置上放置了高大的镜子，这些镜子能够将街道对面的古老房屋反射出来，形成一个纵深空间，地板则采用几何图案的水磨石铺设，丰富空间的层次感。

设计公司：BUCK.STUDIO
设计师：Dominika Buck、Pawe Buck
总面积：260m²
主要材料：大理石、水磨石、木材、不锈钢、木地板、玻璃、织物、天鹅绒、镜子
摄影：PION Basia Kuligowska、Przemysław Nieciecki

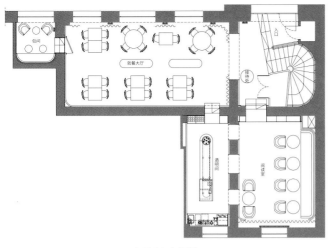

上层平面布置图

下层平面布置图

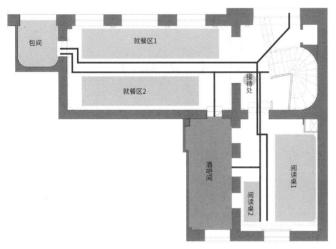

上层动线规划图

下层动线规划图

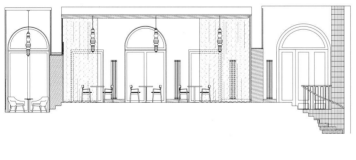

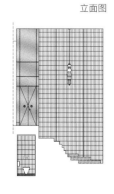

立面图

服务动线

就餐动线

路径解析：

餐厅是由多间大小不同房间组成的错层空间，分上下两层，厨房和卫生间集中在下层空间，通过一个螺旋形楼梯连通。相对复杂的建筑结构，带来的是复杂的动线路径，所以设计师在每个功能区域的划分上都通过色彩进行明确的区分，尽量避免混乱。

上层就餐大厅

名为"绿洲"的包间，仅设有一张桌子，墙壁采用了白杨木饰面和带有花朵图案的原始织物。

连接上下层空间的螺旋形楼梯，特别之处是墙面采用白杨木饰面。

餐厅酒吧区
墨蓝色的背景墙搭配橙色的对比色，强化视觉上的对比。

餐厅一系列定制的灯具——灯泡的外部是波兰手工制作的玻璃灯罩。区别点在于灯罩的颜色和结构配置不同，因此，无论是吊灯，还是壁灯，都能够与每个用餐空间的规模尺度和功能相匹配。

就餐区3、4，与上层的酒吧相呼应，以墨蓝色为主调，配有高脚餐桌，突出展示葡萄酒架。

就餐区5、6、7，以蜂蜜黄为主调，这里为半开放式厨房。

就餐区8、9、10、11，与上层就餐大厅相呼应，以鼠尾绿为主调，
也配有高大的镜子，形成视觉上的纵深空间。

下层设有一个半开放式厨房，用于进行波兰当代美食佳肴的前期准备工作。还设有酒窖和三
个规模较小的用餐空间，这三个用餐空间的功能特点和设计手法各不相同：

从蜂蜜黄的区域可以看到厨房里厨师们忙碌的身影；

墨蓝的葡萄酒空间为顾客们提供了一个品尝葡萄酒的理想场所；

安静的鼠尾草绿的空间则专门用于私人用餐。

这些空间通过吊顶及墙面天鹅绒窗帘的不同色调进行划分，又用统一的橡木地板进行整合。

科威特四季酒店 Dai Forni 餐厅

位于科威特四季酒店顶层的 Dai Forni 餐厅,以意大利西西里岛地区的风味和食材为主要美食特点,呈现一种区域性的饮食文化,而非以国家为概念。西西里岛一直是中东和欧洲文化汇聚之地,餐厅的设计团队 Kokaistudios 则从区域性的文化特点出发,通过与意大利及澳大利亚的知名工匠合作,大胆地将各种材质、图案、灯光、造型运用到设计当中,创造出一个根植于中东,展现地中海和西西里岛饮食文化的高雅餐饮空间。

定制的烤炉

餐厅主空间

三个从澳大利亚定制的巨大铜制烤炉,是餐厅的一大特点。顾客可以在用餐的同时观看到厨师现场制作比萨和面包。为此,设计师专门设计了三个半圆形卡座,以供宾客近距离参观厨师的工作场景。

设计公司:Kokaistudios

设计师:Filippo Gabbiani、Andrea Destefanis、Sherry G.、Kasia Gorecka、
　　　　Mirei Lim、Ada Sun、Shannon Guo

总面积:500m²

摄影:Seth Powers

卡座就餐区,席座背面采用西西里岛熔岩墙装饰。

平面布置图

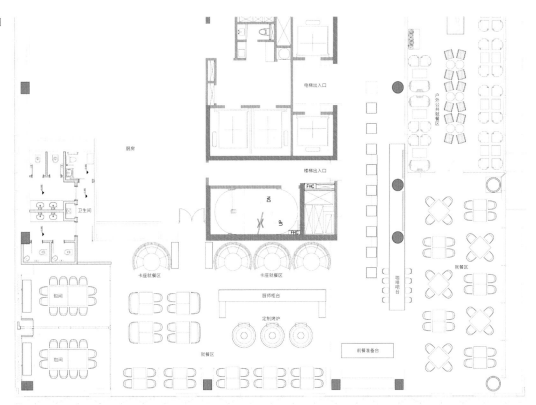

动线规划图

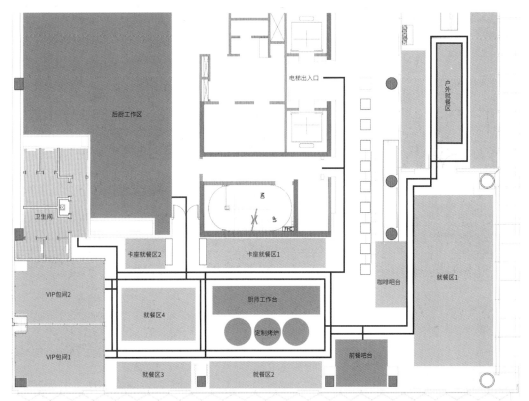

服务动线

就餐动线

路径解析:

餐厅的布局以入口走廊为分界线,分室内和室外两部分。就餐空间呈
块面布局,路线清晰。厨房设置在餐厅外部,在就餐区内设有烤炉和
前餐吧台,缩减服务路径,提高服务效率。

餐厅入口

餐厅的入口是一道宽大的绿色植物墙，采用多种当地的沙漠植物拼插种植，精心营造出一处绿洲。砂岩地板铺就的走廊延伸至主餐区，以火为主题的廊柱比邻而立。

就餐区 3、4

半圆形座椅和定制吊灯的灵感来源于传统的西西里岛编织篮，还将这一想法扩展至两个内部相连的 VIP 包间。

包间的墙面由粗绳编织而成，与雕刻复杂图案的可丽耐大理石门，以及日光屏形成鲜明的对比。雕刻图案的灵感来自科威特当地的窗花图案，事实上这也是西西里岛传统的花边纹样。

VIP 包间

就餐区 1

入口长廊的左侧是就餐区 1，挑高 12 米的天花板令空间更显开阔大气，整座城市和远方波斯湾的壮美风光尽收眼底。窗前安装了定制的金属网帘，在漫射灯光系统的照耀下，闪耀着柔和的光彩。由于白天日照强烈、气温极高，设计团队创造了一种复杂的激光窗帘系统，将热量隔绝在外，保持室内凉爽。

户外公共就餐区，为了延续绿洲这一理念，定制了一个巨大的水晶雕塑充当中央水景，为这一餐区画龙点睛。

前餐吧台，台身包裹意大利手工锻制的玫瑰铜色表皮，华而不艳。

卫生间采用手绘蓝白意大利瓷砖装饰墙面，独具特色。同时还安装了瀑布视频装置，该装置由上海 Flatmind 视频设计公司设计。

Ryba-Pyla 鱼排餐厅

　　Ryba-Pyla 鱼排餐厅坐落于乌克兰基辅市的 Velyka Vasylkivka 大街上，这是一家以各式各样的海产品为主营食物的餐厅，在这里不仅可以现场就餐，还可以把新鲜的海产品购买回家。

　　餐厅以原生旧木、水泥灰墙、锈铁片和集装箱钢板作为主要装饰材料，构建出一种冷酷且带有诙谐的气氛，表达了"Ryba-Pyla"的鱼排概念。其中主要元素包括大厅中央天花板下的巨型鱼骨架，墙壁上的金属装置和生锈的圆锯灯，这些都与餐厅的名称有着隐喻性的联系。同时运用旧的集装箱部件，组装成卫生间和二层包间，整体上营造出一个进入一间旧渔船的体验感。

就餐区 1、2、3、4、5
餐厅内部装饰最显眼的就是在就餐大厅的集装箱铁皮制的吊顶上悬挂一条巨大的鱼骨，顾客一进入餐厅就会被深深地吸引，驻足观看。

设计公司：YOD Design Lab

设计师：Volodymyr Nepyivoda、Dmytro Bonesko

总面积：240m²

主要材料：旧木、生锈金属、废弃集装箱

摄影：Andriy Bezuglov

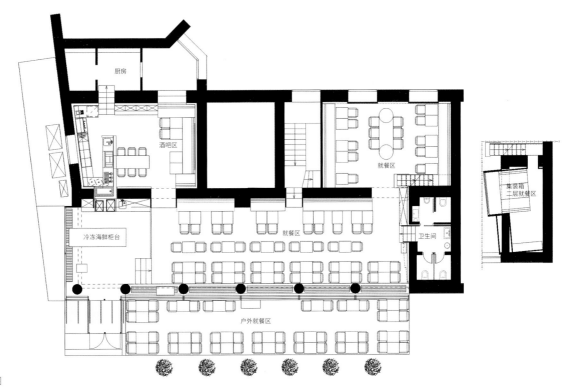

平面布置图

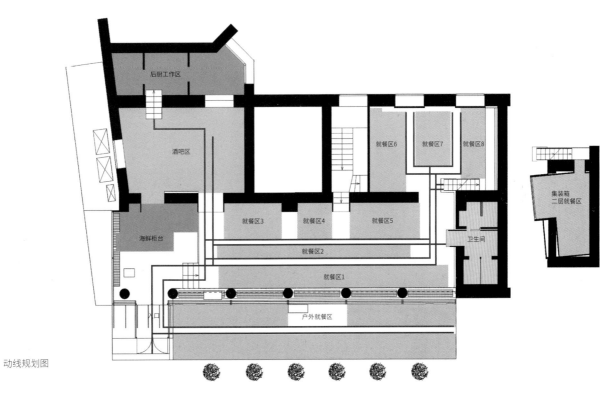

动线规划图

服务动线

就餐动线

路径解析:

餐厅具备堂食和食材零售两种功能,所以海鲜柜台特意设置在入口处,
以缩短不同需求的顾客移动路径。内部餐桌主要呈块状布局,动线通
道笔直顺畅。

餐厅门口

户外就餐区

餐厅的户外就餐区设置在街道边上，以一道可滑动的玻璃窗门作为隔断，划分开室内外。这些玻璃窗门在温暖的季节可以打开，从视觉上扩展整个餐厅空间，让街道上的路人和街道对面露台上的人员也能清楚地看到餐厅内部，吸引其来消费。

在餐厅的入口处设置了一个海产品柜台，顾客一进来就能明确地知道餐厅的主营业务，并可以在此处选购自己需要的食材。

入口处的海鲜柜台

酒吧区，突出展示各种酒水。在高脚餐桌上方悬挂着三盏以生锈的圆形锯片作为装饰的吊灯。

就餐区 6、7、8，右侧的楼梯通往由旧集装箱搭建起来的二层包间。

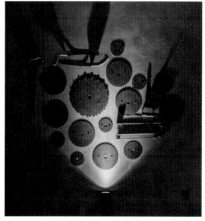

餐厅墙壁上装饰的圆形锯片和各种切割工具，通过打光营造出老旧、冰冷的冷酷感。

卫生间处在旧集装箱组装而成的两层空间的下层，冰冷的不锈钢质感，呼应着餐厅的整体调性。

梅料理餐厅

　　该餐厅的整体设计以几何体块的穿插、阵列等构成手法和建筑语言，配合浓郁红色调来营造各功能空间，意在营造一个具有戏剧张力的就餐氛围。商业空间的艺术化表现挖掘和展示了一座城市的文化特性，也探索古城的多样性。

　　整体风格呈现构成主义的特点，但统一协调的色调又让空间多了一份沉稳和厚重感，符合历史古城的特性。

餐厅门头

内部墙面装饰画

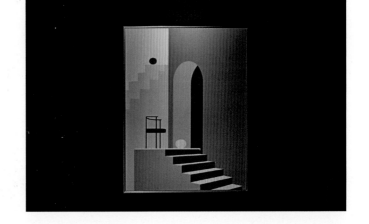

设计公司：壹树空间设计

设计师：张剑男

总面积：295m²

主要材料：多功能漆、长虹玻璃、金色不锈钢、水泥漆、水磨石

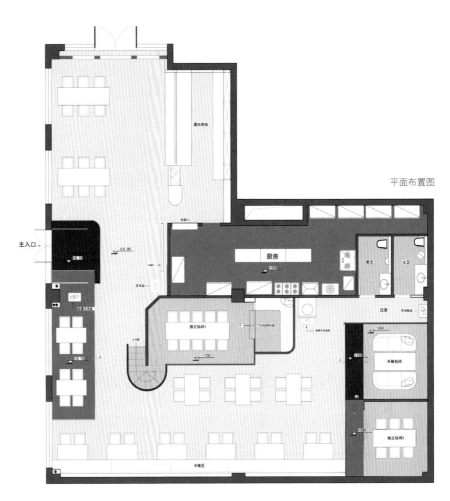

平面布置图

服务动线

就餐动线

路径解析：

动线整体上呈"L"形。内部空间设计了错落的就餐区，动线行走层次丰富。

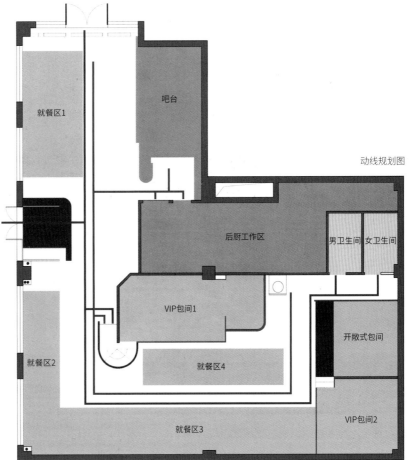

动线规划图

主入口右侧　　　　　　　　　　　　　挑高空间的 VIP 包间 1 的楼梯入口

在入口处将地板、形象墙、侧面挡格墙进行几何形体的 V 解构重组和
艺术品的展示，增强了空间层次与艺术感。

在整个空间的核心位置打造挑高的空间，利用竖向结构调整空间节奏，
增加趣味性。

吧台空间的体量刻意加大，精致的金属材质与粗粝的水泥质感形成冲
突与反差，营造戏剧感。

吧台

就餐区 3、4

13 米长的卡座和背后的竖向格栅板形成的阵列增强空间的气势和秩序感。

挑高空间的 VIP 包间 1 内部

从挑高空间往下看去的一角，角落处为 VIP 包间 2，采用竖条格栅的长虹玻璃作为分割墙。

左侧为卫生间入口，右侧为开敞式包间

卫生间内部，地板的水磨石延伸到墙腰，用金色不锈钢封边分隔。强化材质的对比，也兼顾了卫生的需求。

Mamba 酒吧餐厅

　　Mamba 酒吧餐厅的业主强调他们是以"颠覆性美食"的烹饪方式为卖点。在设计师的理解中，这一概念是为了加强感官体验、融合不同味道、唤醒嗅觉和让食物拥有诱人的卖相。因此团队以此为创意点，进行整体的空间设计。目的是打造一个充满梦幻和暗示性的室内美学空间，来促进这种独特烹饪方式的实现以及给顾客留下不一样的就餐体验。

　　设计师认为，食物的融合不应该破坏各自的风味，室内设计的美学必须突破限制但又不失连贯性。因此，在建筑及布置上，元素的融合必须相互和谐。出于这个目的，设计一个能够连接整个空间的大型独特元素，以完全满足餐厅的功能需求。

餐厅内部主就餐区域

设计公司：Hitzig Militello Architects

设计师：Hitzig Militello、Mariano Casullo、Gabriela Lorenzo、
　　　　Ayelen Palma、Juan Ignacio、Marcela Bernat

总面积：264m²

主要材料：夹板、铁、中密度三角板、陶器、绿植

摄影：Federico Kulekdjian

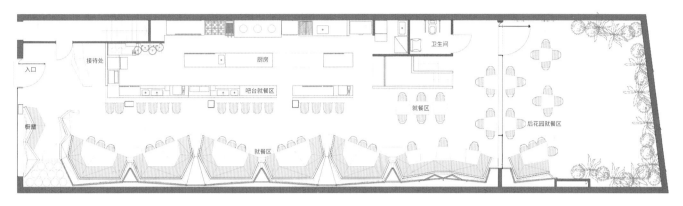

平面布置图

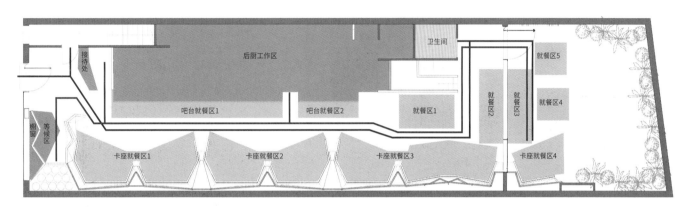

动线规划图

立面图

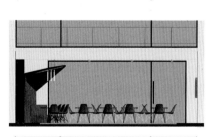

服务动线

就餐动线

路径解析：

餐厅呈长条形，由一个室内空间和一个户外空间两部分组成。室内由一条笔直的主干道分隔两边，主干道构成了服务和就餐两条动线的主题，简洁明了。

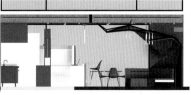

餐厅入口处，右侧设有由破碎陶瓷器制作而成的装置艺术橱窗，以吸引客人。

入口的接待处和等候区

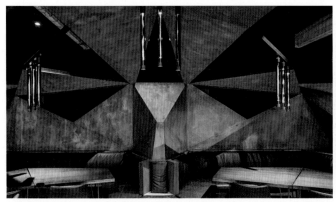

卡座就餐区

进入餐厅右转到主餐区，尽头是后花园，花园墙壁上装饰的霓虹灯餐厅名称十分突出。

餐厅采用半开放式厨房，坐在就餐吧台可以看到厨房内厨师制作美食。而在吧台酒柜上的绿色植物平衡内部色调，并与后院的绿色景观形成呼应。

就餐区的空间由铁皮锈色的三角板进行分隔，从墙边延伸至天花板，创意灵感来自大型无脊椎动物的鳞片。餐桌的造型也配合隔挡的造型进行切割，视觉上创造了一个具有现代结构主义美学风格的空间，同时又不陷入浮夸虚无。

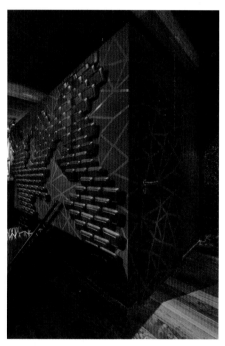

后花园一角

从后花园望向餐厅

卫生间门口和通往地下层的楼梯，设计师使用了各种废弃的陶器来装饰内部空间，充满艺术感，增加了顾客对空间的想象。

后院是一个开放的空间，种植着各种绿色植物，为喜欢享受另一种氛围的顾客提供了一种户外生态系统。

CAMPO 烧烤餐厅

位于波兰的 CAMPO 烧烤餐厅是一家以纯天然为理念，提供阿根廷烤牛排和各式本土菜肴的餐厅。在伊比利亚 - 美洲的语言中，CAMPO 是指适合种植庄稼或养牛的土地，暗喻着自然，也是餐厅的美食标准。

设计团队以"天然、原生"的创意概念，采用简洁的设计方法，使用天然材料对餐厅空间进行功能区域区分和美学表达。

该餐厅的整体设计十分注重细节，无论是在菜品和服务中，还是在家具的整合和选择上，大多数都采用了定制设计和制作。比如柜门手柄、沙发、菜单等使用的都是木材、黄铜和皮革等材料，以此强调简单和自然的整体理念。

餐厅就餐区的背景墙，采用多种材质呈现，并通过霓虹灯管突出餐厅名称，强化品牌感受。

设计公司：BUCK.STUDIO

设计师：Dominika Buck、Pawe Buck、Ola Leszczynka

总面积：210m²

主要材料：鹅卵石、橡木、樱桃木、水磨石、小牛皮、黄铜

摄影：PION Basia Kuligowska、Przemysław Nieciecki

平面布置图

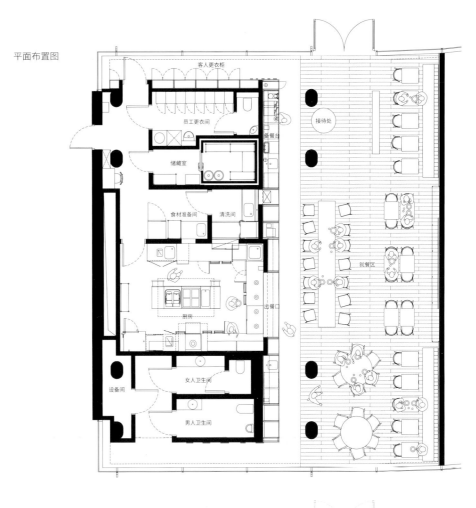

动线规划图

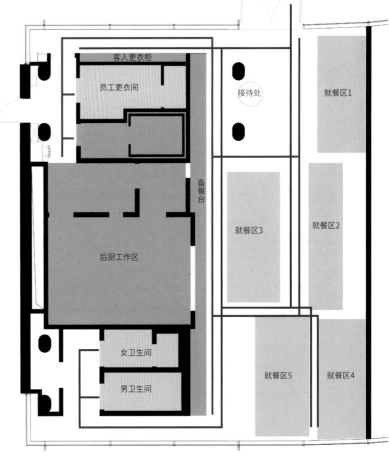

服务动线

就餐动线

路径解析:

客人进入餐厅后直接面对就餐区，餐桌呈直线形排布，通道笔直方便行走。同时设计师将客人卫生间和员工更衣间各自独立分开，尽量减少了动线交叉重叠的影响。

长条形的就餐区空间，不设任何隔断，就餐环境简洁，一目了然。

设计团队对整个餐厅空间进行清晰的功能划分，并设计了一个独具特色由实木制的备餐墙作为隔断，将公共就餐区、接待区和后厨、衣帽间、卫生间等进行区分。该备餐木架墙全长 14 米，面向就餐区展开，与后厨连接，并设有出餐口，既实用又体现着开放。

各种天然材料的应用，对整个餐厅的功能划分和质感表达，发挥了非常重要的作用。皮革座位的后面，是一面由黑色鹅卵石和黑色不锈钢网组成的人工背景墙，它和樱桃木栏架、天然橡木地板，一起构成了用餐区域。而就餐区外的地板则用深色水磨石铺设，形成肌理的对比。

就餐区 1 和 4 都采用靠墙的皮革沙发，背面满墙镶嵌黑色鹅卵石，顶部装饰造型简洁的灯具。

就餐区 3，采用长条形的高脚台桌，面对开放的备餐墙，并可以通过出餐口看到后厨的美食制作。

从就餐区 1 望去的视角，右侧的走道通往后厨，木质的墙面可以打开，内藏客人衣帽阁。

餐厅背后的外部向内看视角，可以看到通往客人卫生间的通道背景墙上装有霓虹灯管制的餐厅名称，充分考虑到吸引客人的需求。

餐厅的平面形象设计使用了小牛皮和黄铜的配件，与餐厅空间相呼应。

就餐区背景墙的材料质感对比

隐藏式的客人衣帽阁，与墙体融为一体

备餐墙柜门手柄由小牛皮和黄铜组成

卫生间的形象镜采用黄铜边和牛皮挂条

布鱼餐厅

　　BLUFISH-APM 餐厅位于北京王府井 APM 商场的地下一层，设计团队设计了一个圆弧形的空间结构，以清透的白为基底，顶部以蓝色与粉色等色彩交织的金属网从天花向下延伸，地板则以水磨石嵌金色海洋生物造型图案，从而营造出一个充满梦幻与流动感的水下世界。

大小圆拱造型的餐厅入口

设计公司：SODA 建筑师事务所

设计师：姜元、宋晨、陈菲

总面积：210m²

主要材料：金属网、水磨石

摄影：陈惜玉

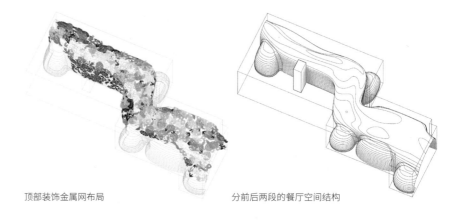

顶部装饰金属网布局　　　　　　　分前后两段的餐厅空间结构

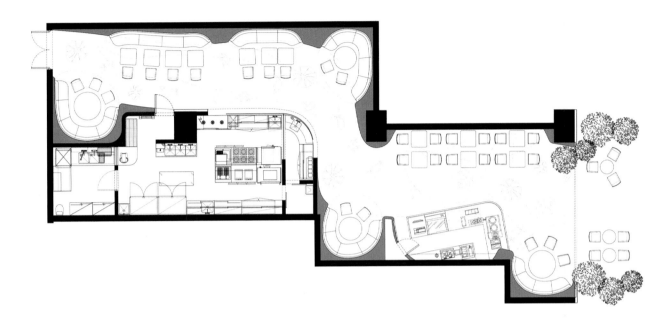

平面布置图

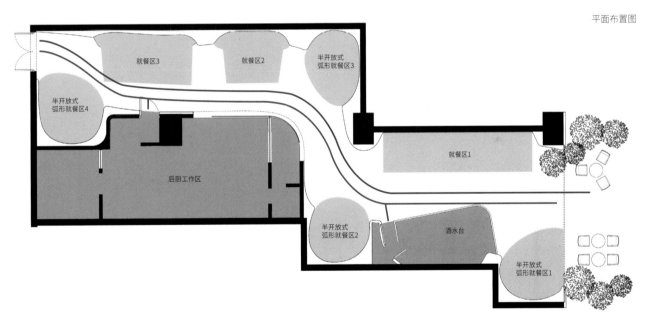

就餐区3　就餐区2　半开放式弧形就餐区3

半开放式弧形就餐区4

后厨工作区

就餐区1

半开放式弧形就餐区2　酒水台

半开放式弧形就餐区1

动线规划图

服务动线

就餐动线

路径解析：

餐厅位于商场内，无须设置卫生间。动线如流水般贯穿整个餐厅，
简单明了。

入口处的就餐区1的背景墙安装镜面，在视觉上拓宽了空间感。

连接后部就餐空间的弧形通道

后部就餐空间，左侧的厨房区在隔断墙中部开了一个长条的窗口，客人可以看到厨师们的工作，强化食品安全的信心。

圆弧空间内嵌入 4 个半开放式就餐区

为了体现餐厅色彩斑斓的水下世界主题，设计团队选择 6 种看上去有几分童话感、轻松、温暖的手绘图形，来代表水底的珊瑚、水草和鱼群。并使用激光切割金属网来制作这些图案，再将它们叠加附着在白色的曲面造型之上，以营造出这种水下影像所特有的绚烂、半透明、模糊、不稳定的视觉效果。希望能让人们在就餐的同时也可以体验海洋自由、轻松之感。

在半开放式就餐区内都装饰一盏如同珊瑚般的灯具

121

JESS 餐厅

位于罗马尼亚的 JESS 是一间定位为小型酒吧的休闲餐厅。

设计团队采用丰富的色彩和基础的几何符号作为餐厅设计的重要表达元素，目的是以简单的图案、色彩和材料相结合，创造出一个立体、个性的休闲就餐空间。

就餐区 5、6 和吧台分属两个不同风格调性的空间内

餐厅的整体空间分为两大部分，前半部分以蓝色为主色调，将多种色彩和由简单几何图形变化出来的图案，运用到空间中，营造出一种戏剧化的童真，同时也呈现出强烈的扁平化平面构成风格。

后半部偏向成熟，以红色为主调，通过单一色彩的整体以及粗线条来表现。

设计公司：BIANCOEBIANCA

设计师：Elie Kamel、Timeea Bianca Diosi

总面积：145m²

主要材料：蓝面漆、水磨石、镀金、天鹅绒、霓虹灯

摄影：Raul Jichici

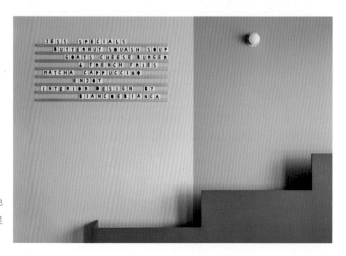

局部背景墙上的色彩、文字、灯饰都呈现出强烈的平面感。

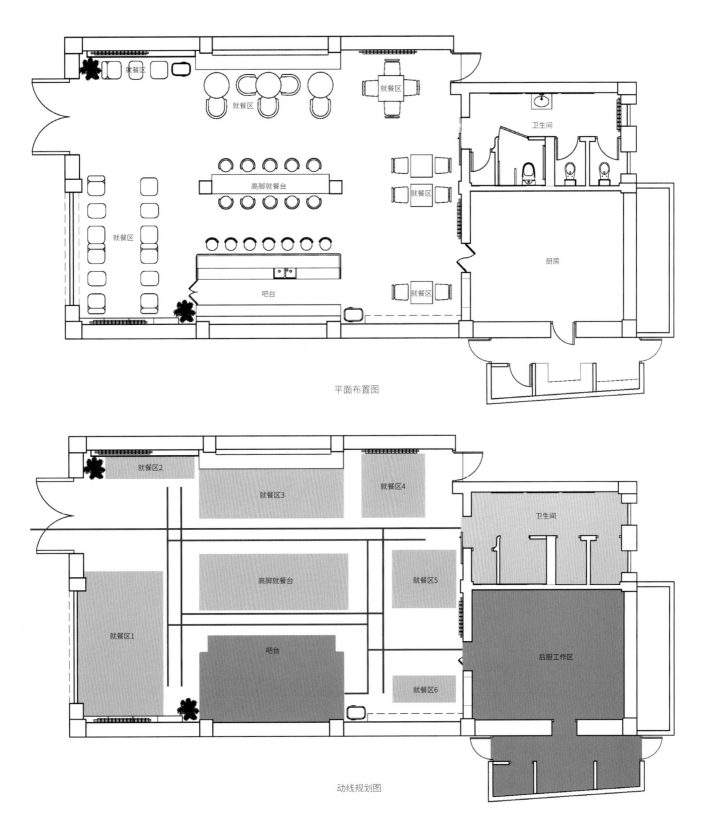

平面布置图

就餐区　就餐区　就餐区　高脚就餐台　就餐区　吧台　就餐区　卫生间　厨房

动线规划图

就餐区2　就餐区3　就餐区4　卫生间　高脚就餐台　就餐区5　就餐区1　吧台　就餐区6　后厨工作区

服务动线

就餐动线

路径解析：

餐厅通过地板和吊顶的差异，将就餐区分为三个区域，餐桌散点式分布。动线以中间区域为中心环绕一周辐射到另外两个区域。

左边为就餐区 3，右边为高脚就餐桌，直通尽头的半圆形门为卫生间入口。

餐厅前后两端采用粗糙的混凝土地板，而在中心则定制设计了几何色彩图案的水磨石地板，
配合中心区域的蓝色吊顶，与前后两端形成差异对比，建立丰富的体验层次。

定制的树脂和水磨石图案也是餐厅装饰设计的关键，它是由设计师将丙烯酸树脂等材料混合
在一起，一块一块地制作而成的。

就餐区 2

就餐区 1

就餐区 3，沙发座椅的圆拱形背垫与背景墙上的圆弧镜面相呼应。

吧台背景墙上的三个圆拱与吧台外围墙面的圆拱装饰相呼应。

餐厅的平面形象设计与空间形象风格统一

配餐桌的造型与空间风格统一

卫生间洗手台，两侧两面圆拱形水磨石图案装饰

卡梅里诺餐厅

　　El Camerino 餐厅位于西班牙的巴伦西亚 Russafa 街区的标志性地带，已经有十年的历史。为了纪念它的第一个十周年，老板决定为餐厅进行全面的店面升级改造。

　　"Camerino" 源自于西班牙语，意思是 "剧院后台的化妆间"。它能让人们联想到一部戏剧最神秘和隐藏的部分，也是戏剧开始和结束的地方。在化妆间，有许多不为人知的精彩故事，同时它也是舞台和道具走廊之间的连接点。

　　设计师决定赋予新的餐厅设计一个完整的概念，于是将 El Camerino 的 "剧院后台的化妆间" 这一内涵，作为本次设计创意的主题。

餐厅正门，显眼的蓝色。

设计公司：Bodegón Cabinet
设计师：Genoveva Carrión、María Martínez
总面积：100m²
主要材料：水磨石、隔音板、镜子、壁画、彩色面漆
摄影：José Hevia

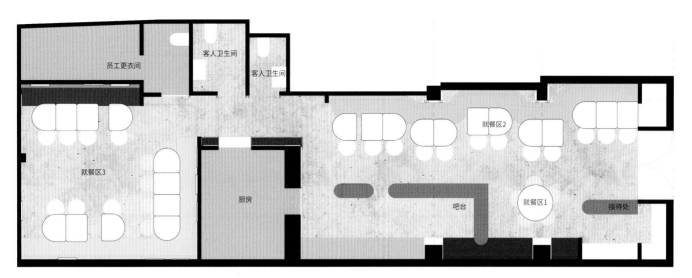

平面布置图

动线规划图

服务动线

就餐动线

路径解析：

长条形的餐厅面积并不大，动线设置相对简单明了。厨房和卫生间都设置在中间，尽可能地缩短了服务员的移动距离，提高了效率。同时也缩短前后两端客人去卫生间的距离。

在入口处设置一个由 Huguet
Mallorca 手工制作的小水磨石吧台。
一盏经典造型的吊灯垂于台面，吧台
作为收银台和接待台使用。

就餐区 2 的背景墙有三个显眼的拱形
设计，是受许多剧院里的经典包厢造
型启发而萌生。一道沙发在外围绕着
三个包厢，蜿蜒相连。

整个餐厅空间为长条形，分为前段就餐空间和后段就餐空间。色彩的应用是该餐厅非
常重要的视觉元素，从正门开始往里走，映入眼帘的就是标志性的蓝色和在剧院中广
泛使用的勃艮第红，两种色彩相衬无间。同时设计师有意地在墙面的局部地区保留原
始的陈旧纹理，增强艺术气息。

餐厅前段空间设计上大量地使用拱形，呈现传统的剧场感。

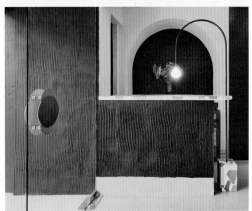

就餐区 1 是一张独立的小圆桌，它是一张
由五根红色圆柱支撑的圆形镜桌，配以知
名的网红椅"拉普里马"，都是由 Bodegón
Cabinet 制作的。

独特之处是在这个区域的上方采用镜面玻
璃作为吊顶，与镜面圆桌相呼应，在次区
域构建出错落的空间体验。

就餐区 1

厨房设置在连接前段和后段就餐空间的中间位置

在到达后段的就餐区 3 之前，将穿越一条"幕后通道"，这在剧院里是一个道具走廊的概念，在这里则成为厨房所在地。设计师说这是一个折中的领域，连接着前段的舞台和后段的后台，所以它有着两种色调的过渡：一面，舞台空间的勃艮第红色调；另一面，一个充满私密性的蓝色。

就餐区 3 的空间以蓝色为基调，用镜面玻璃和由"El Gallinero"工作室定制的图案面板，以及原来的纹理作为装饰。它们都采用椭圆形，遵循着化妆间的视觉特征。这种形状被进一步应用到更多的装置中，比如专为这个空间设计的橙色沙发靠背，都保持着高度统一感。同时墙壁的照明灯具也是后台化妆间常用的圆形灯。

就餐区 3

大鸭梨烤鸭成都万科天荟店

集皇家御膳与京城市井味于一体，深入吸纳满汉饮食文化精粹的大鸭梨烤鸭店，在经历了餐饮市场二十多年的洗礼与考验之后，首次以弘扬京味文化、打造品牌升级的野心入驻成都。

如何永葆老品牌无限生机本就是一重考验。

红色，脉承皇家建筑庄严礼序，同时又是川系菜肴中"辣"的最强表征，以极富视觉刺激的形象呈现在本案之中，唤起味觉记忆的同时也是一次对民族文化脉络的回溯。

设计公司：北京 IN•X 屋里门外设计公司

主创设计：吴为

设计师：贾琦峰、刘晨阳、贾辰娟、金升旭、应哲光

总面积：1480m²

主要材料：藤条、金属隔栅、仿古青砖

摄影：史云峰

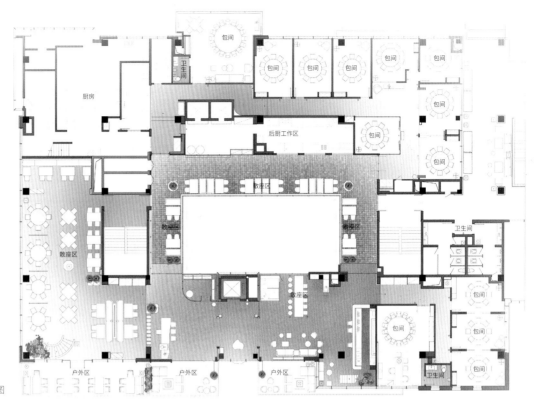

一楼平面布置图

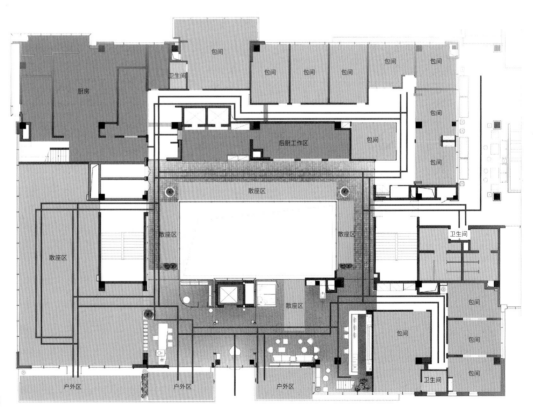

一楼动线规划图

服务动线

就餐动线

路径解析：

餐厅的布局以包间为主，散座区相对集中。动线的布局服务线和客户线
完全重叠，但足够宽敞的空间和主营包间也不会导致交叉影响。

红色藤条织就的顶面自成磅礴之势，金属格栅分隔出空间功能满足商业需求，横纵虚实之间将空间各个维度恰到好处地串联起来，层次丰富又不失整体。砖石属性阴凉，烟青色仿古砖墙壁和地砖为通透的红色空间降了几分焦躁的火气，在色彩和材质温度之间取得平衡。

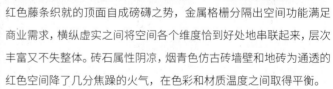

在以红色大势铺就的空间之中，最为精彩的部分要数藤条编织的"树屋"。与砖、木等拙朴材料一样，以扎实的编织式样由楼梯口缓缓升腾最终凌驾于座席之上。"树屋"像是一个儿时的梦境，代表着人们对于赤子之心的探求，藤条以疏密有致的起伏造型而更生神秘，将美好愿景编织在无限温柔之中，唤起食客内心深处最质朴、本真的记忆。

包厢内仍以红色作为空间基调，但不同于公共就餐区域的热情，这里更有几分私密而庄重的气氛。席编质感拉门以中轴对称的形式成为空间之间的划分屏障，开合之间皇家礼序的尊贵气质徐徐而生。

原木打造的置物架将茶品茶具一并收纳的同时，为绚丽夺目的红色空间，争取出静心凝神的一隅，食客得以在沉溺烤鸭的肥美之余，以品茗闻香而使味蕾进入另一段丰富的旅程。

遇见花瓣 Met Petal 餐厅

项目位于深圳市宝安区欢乐港湾二层，整栋楼是一栋商业综合体建筑，建筑外形呈流线型，由若干类椭圆形大公共空间高低错落串联而成，空间变化丰富有趣。建筑中间为绿地景观，两侧商户排列，人在此建筑中游走如同进入一段"现代版建筑峡谷"。本项目是遇见花瓣 Met Petal 继北京店之后的第二家店，场地大面积采光面朝西南，户外有近 150 平方米大露台，站在露台可以远眺深圳浅海湾。

场地外部空间由户外露台、海边起伏景观、深圳浅海湾组成，三个空间次序由高到低，由城市延伸至海湾，人站在露台上如同置身于"峡谷"高地，不由得望向海边远方。由于场地主入口位置在整栋建筑的内侧，次入口（连接大露台）在建筑外侧，人的行为动线必然会由内向外"流淌"，因此设计团队营造了一个能引人入胜的峡谷空间。

峡谷空间造型的具象与抽象如何平衡？太抽象过于光滑显得现代而缺乏原始力量，而太具象容易做成所谓的"游乐园"效果，技术上如何有效把控并实现原初空间构想？如何实现原始力量感与现代感的平衡？如何携同匠人们对装饰混凝土造型及着色进行实验？

设计公司：力场（北京）建筑设计

主创设计：安兆学

设计师：陆继铭、侯雪、张伟、杨树军、李冰、王琳

总面积：300m²

主要材料：装饰混凝土、波纹穿孔铝板、不锈钢板、条纹玻璃、玻璃砖、镜面不锈钢、金属网、水泥艺术漆

摄影：金伟琦、Linkchance Architects

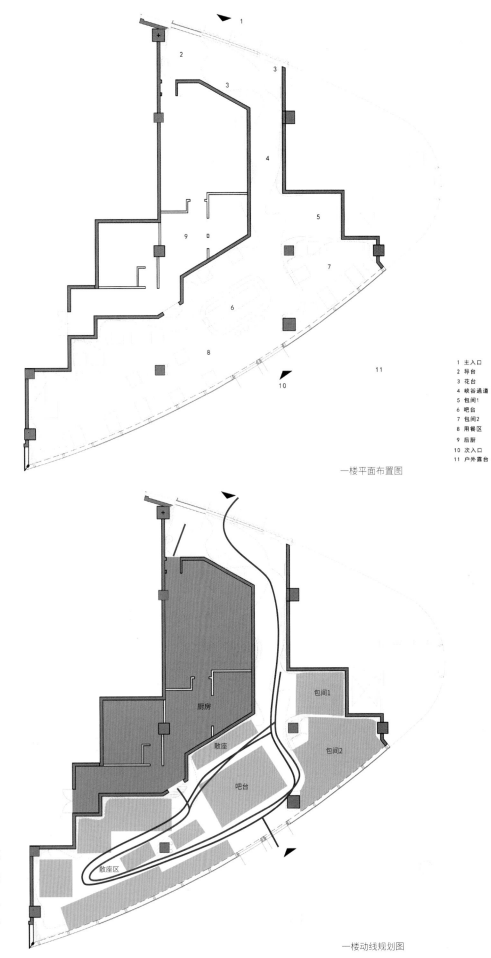

1 主入口
2 号台
3 花台
4 峡谷通道
5 包间1
6 吧台
7 包间2
8 用餐区
9 后厨
10 次入口
11 户外露台

一楼平面布置图

服务动线

就餐动线

路径解析：

整个餐厅的空间被打造成一个深幽的峡谷洞穴，进入内部客人沿动线缓缓前进，犹如一次探秘洞穴之旅。服务线出入口独立区分，减少相互交叉影响。

一楼动线规划图

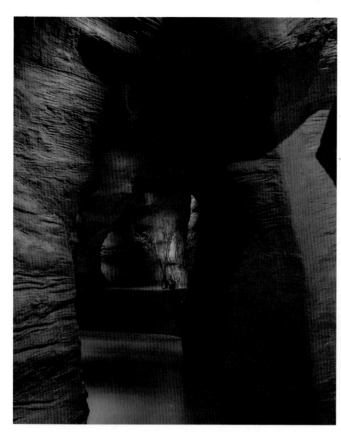
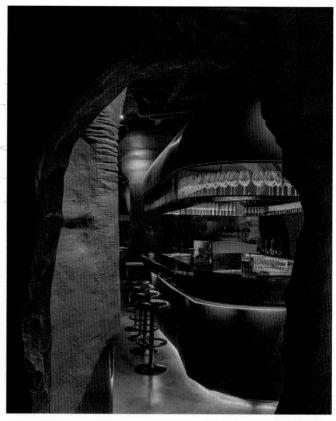

当人走进场地主入口后首先是一段缓冲空间作为接待区，进门右手边是导台；左手边作为"峡谷"的开启，站在这一端可以看到峡谷另外一端从露台进来的自然光，同时视线的末端会出现椭圆形吧台，吧台上半部分为金属罩被光打亮，远望过去很光滑很现代会引发人继续向前探索的兴趣。

通道最窄处只有 1.2 米，因此客人在过往时距离会靠得很近，甚至会有意避让，人走进这一狭长空间如同水流徜徉在峡谷之中；立面造型曲折有力，是一段"纯粹的峡谷地段"，横向上营造一种"水流湍急"的空间冲刷感，纵向上望去可以看到清晰的峡谷轮廓，立面墙壁上的纹理处理成像流水冲刷的痕迹。

往里走会见一处"洞穴"包间，营造一种在原始洞穴空间中用餐的体验，餐桌由定制的橘面玻璃砖垒砌而成，顶部吊灯灯罩也是玻璃制品，地面预埋射灯照在墙壁上形成的光影，充分凸显原始空间与现代工业产品的直接碰撞。穿过这段峡谷，豁然敞开来到主用餐区，餐桌围绕中岛吧台展开水平向布局，中岛吧台夜间可切换为酒吧模式；北侧靠"峡谷地段"处设置长条卡座，客人在用餐时可观赏南侧户外风景。

Spice & Barley 餐厅

位于曼谷河畔的 Spice & Barley 餐厅，业主的理念十分明确，即引入创新和生态意识，使新品牌在当地达到国际设计标准。

设计概念围绕几十年前出生在四川的 May、Zaza 和 Fei 三姐妹的冒险经历展开。随着 Enter Projects Asia 设计团队对故事的深入探索，设计逐渐形成叙事性，他们用自由流动的、雕塑般的藤条结构组成复杂网架连接过去和现在，如同三姐妹的故事一样令人陶醉。宽大的藤柱与印有三姐妹的背景墙相互衬托，这是对四川美食的双重肯定，菜品与餐厅供应的啤酒相得益彰。

餐厅内可以眺望昭拍耶河，在背景高楼的映衬下，天然藤条结构如同双子塔。流动在天花板上巨大的几何体扭转成连续的曲面，光影跃动其中，使其成为远处的灯塔。藤条结构的制作融合了 3D 数字技术和传统工艺，将天然可再生的藤条置于 30 米高的空间中。藤条形成自由流动的液体形状，模拟啤酒倒入玻璃杯中的形态，其设计美学强烈地突显了这里作为比利时精酿啤酒指定餐厅的定位。

餐厅的美学设计遵循了"形式和功能应当在精神上高度统一"的理念，将喷金漆藤柱的内部空间用于存放酒管、空调以及其他相关设备。

设计公司：Enter Projects Asia
设计师：Genoveva Carrión、María Martínez
总面积：300m²
主要材料：藤条、钢化玻璃、瓷砖
摄影：William Barrington-Binns

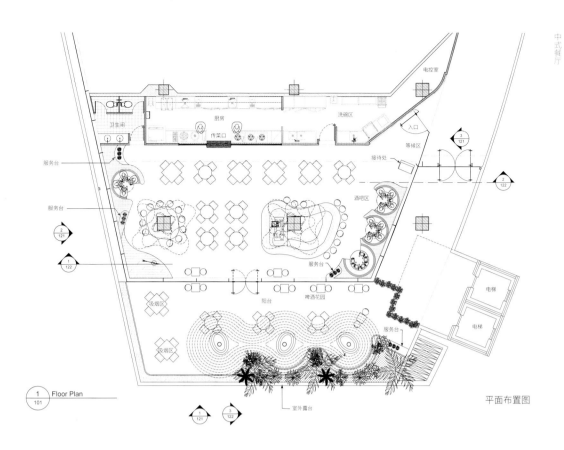

服务台

服务台

卫生间

厨房

传菜口

洗碗区

电控室

入口

等候区

接待处

酒吧区

服务台

阳台

啤酒花园

服务台

吸烟区

吸烟区

服务台

室外露台

电梯

电梯

①/101 Floor Plan

平面布置图

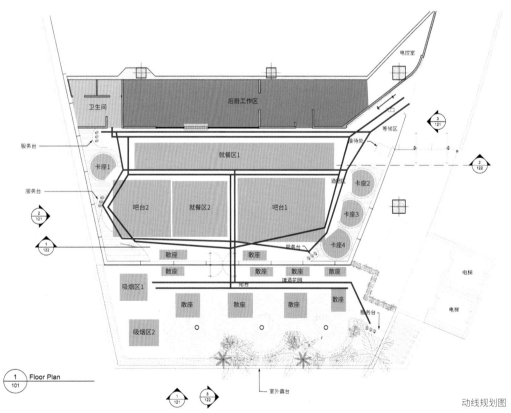

服务台

服务台

卫生间

后厨工作区

电控室

等候区

接待处

卡座1

就餐区1

酒吧区

卡座2

吧台2

就餐区2

吧台1

卡座3

散座

服务台

卡座4

散座

散座

散座

散座

散座

吸烟区1

阳台

啤酒花园

散座

散座

散座

散座

服务台

吸烟区2

散座

室外露台

电梯

电梯

①/101 Floor Plan

动线规划图

服务动线

就餐动线

路径解析:

餐厅空间的布局围绕着中间两个巨大的藤条柱子展开，动线的设置考虑到提

高效率和减少服务线和就餐线的交叉影响，设计师设置多个服务站台。

暖暖锅物

　　深冬的北京,工体路上雪花如期而至,五颜六色的霓虹把夜晚照得绚烂,走在下班路上,耳边传来暖暖的旋律:"都可以随便的,你说的,我都愿意去,小火车,摆动的旋律……"抬眼望去,透过干净的窗,两个超萌的小红小绿邮筒,大大的琴叶榕,店内暖暖的木色,走近,仿佛穿越时光隧道,来到了歌手梁静茹歌声旋律中的暖暖车站,而这家店"暖暖锅物"名字就是来源于此。

　　走进店内,目光所及充满了旧火车站的气息,一台 28 老式自行车侧立在门口。隔着各式纹样的花玻璃,看到人影闪烁,以及半遮面的一个大大的时钟。转身向里走,是两个邮筒。在台湾邮筒是成对出现的,有一对邮筒还因为被大风吹弯,模样意外可爱成为台北最热门景点之一。邮筒后就是暖暖茶歇了,干净的小白砖台面,转角处的弧形小白砖,隐约透露着纯朴与精致。黑糖珍珠的雾气袅袅升腾,暖暖的香味弥漫整个茶歇,融合师傅们忙忙碌碌的身影,仿佛排队进站一样的热闹。

餐厅正门

设计公司: 古鲁奇公司

设计师: 利旭恒、武尚泳、李新乐

总面积: 500m²

主要材料: 水磨石、木材、白瓷砖、铁网

摄影: 鲁鲁西

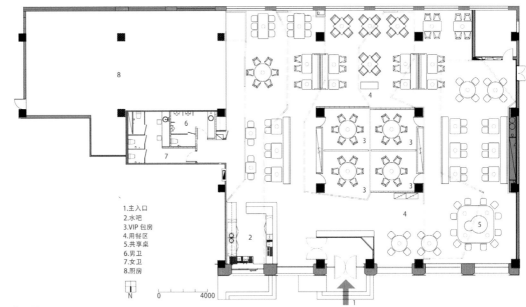

平面布置图

1.主入口
2.水吧
3.VIP 包房
4.用餐区
5.共享桌
6.男卫
7.女卫
8.厨房

N

0   4000

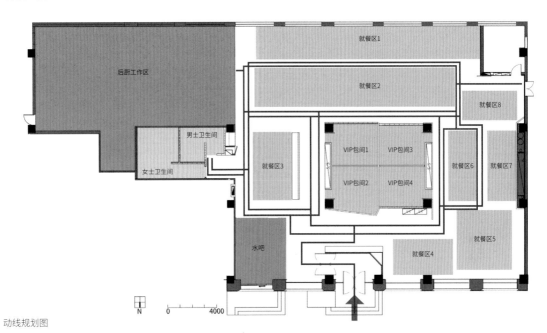

动线规划图

N

0   4000

服务动线

就餐动线

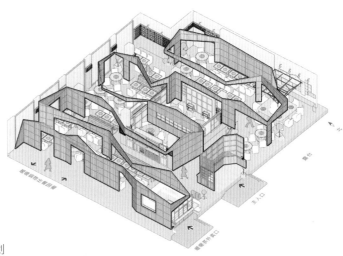

路径解析：

餐厅的主体空间通过木板进行了餐位的初步分割，所以动线的规划
也基本是围绕着隔栏板进行移动。

入口处水吧台

吧台前面的休息区是由老式座椅和郁郁葱葱的绿植组成的等候区。老式车站的座椅、悬挂的时钟、铁路旁的标识、信号灯、红绿灯、小摊车上的杂货等等，往那一坐，就像是走到了站台上，几分钟后列车就要进站了。再往前方一看，一棵冲天大树后面，有一整面错落有致的站牌标，集合了台湾知名的车站名还有不同式样的车站标识。让人不由得想起昔日的暖暖人流如织，茶叶、煤矿都在此转运，不过随着时间的推移而逐渐没落，只有那些大树陪伴在左右。树下是一个大大的共享餐桌，将就餐的客人带回人流如织的暖暖车站，体会那时美好温暖的氛围。

从水吧通往就餐区的走道

继续移步往里走，外场的长条座形式是以车站候车室为灵感来源的。窗边的墙上放置了具有台湾旧时代特色的铁花窗。像时间熨烫过了墙面，有一方娴静的铁花窗镶嵌着，屋子里永远有一段时间属于来就餐的你。穿过外场就看到了出餐区域的花玻璃，与入口处花玻璃，隔空呼应。人们都说车站是悲欢离合的缩影，暖暖更想让每一位来到这里的客人体味美好幸福的相遇。它静静地在这喧嚣繁盛的商业景象里，创造一处温馨雅静的空间，给生活中行色匆匆的你我，带来片刻的休憩。

就餐区5

就餐区1左角处

岁寒三友餐厅

　　这是一间由三位合伙人共同创立的高端私房菜餐厅，名称"岁寒三友"，既体现了他们的关系也传递出人文风雅的格调。

　　餐厅的空间由两层商业铺面组成，一楼超高层高是它的结构特点。顺着"岁寒三友"这个名字延伸，设计师在整体空间美学的设计以"盛唐风雅"为调性展开设计。

　　力与美的统一，严谨与雄浑之间的平衡是唐风建筑的特点；设计团队通过木结构，柱梁建筑形体，不同特性和质感的材质来探索和展现盛唐的典雅与气度。

理水，是中国古典景观审美上的追求，更是天然之趣的追索。

入口处通过长长的斜坡走廊做出了空间的仪式感，一根胡桃实木柱子在水景中拔地而起，支撑起整体结构，又衔接着一个台面，四周的墙体由深色橡木条间隔排列组成，呈现出强烈的形式美感。

设计公司：今古凤凰•空间策划机构

设计师：叶晖、陈坚、林伟斌、陈雪贤

总面积：1200m²

主要材料：雅典灰石板、胡桃木实木、深色橡木饰面、黄铜、肌理漆、玉砂玻璃

摄影：隐象建筑摄影

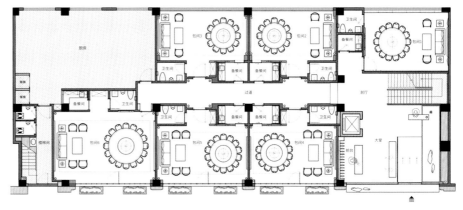

一层平面布置图

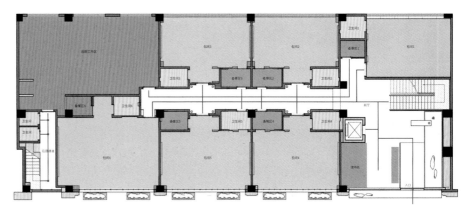

一层动线规划图

服务动线

就餐动线

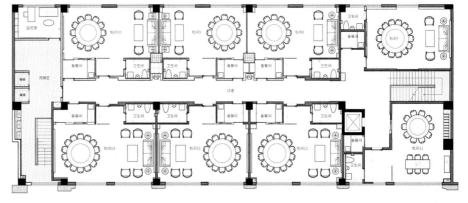

二层平面布置图

路径解析：

餐厅空间分上下两层，不设公共就餐区，全部为包间，每个包间设有独立的卫生间和备餐间，在一楼的后厨工作区设有独立的传菜电梯。

动线设计简洁，以客人流动为主，突出环境的体验感。

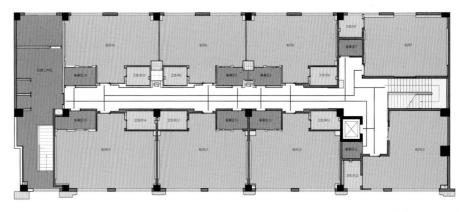

二层动线规划图

大堂望向入口处视角

大堂接待前台

入口区域与大厅由木结构的屏风区分开，空间一虚一实，相互成影。

大厅接待处设计成唐风的书案与藏书阁，让书香气息弥漫整个大厅。并根据原有的空间高度，在天花处做了个木结构造型，有意使前台区域压低，让此区域与客人之间的距离感拉近，达到空间比例的高度和谐与对比。

包间之间通道

通道陈列式的胡桃木柱子结构与天花飞板衔接，用简约的建筑手法诠释室内局部与整体的相互成就，在中轴对称的基础上化繁为简，以现代的工艺与表现手法，重塑建筑之美。

通往二楼楼梯

包间餐桌区

包间休息区

包间延续采用胡桃木加黄铜柱子作为建筑支撑，配以浅灰色天然石块和深色橡木饰面板组成墙体和地板，休息区铺设大面积天然亚麻地毯，营造出宁静、舒缓的高端感。

一楼包间一景

一楼包间面向户外的墙体采用大面积的木栅结构加玉砂玻璃，令户外的植物若隐若现地展现于室内，成为一景。

唐廊烤鸭店

　　唐廊烤鸭店位于中粮祥云小镇，主营传统的京味烤鸭。早在公元400多年的南北朝，《食珍录》中即有"炙鸭"字样出现，历经宋、元，成为明、清宫廷的美味，后逐步由皇宫传到民间。 至当下，我们在品尝传统饮食味道岁月迭变的同时，也对就餐环境的氛围体验提出更高品质的要求。

　　项目由IN•X屋里门外设计团队负责整体设计打造。从传统的饮食文化出发，通过对材质、色彩、艺术装饰品的创意组合运用，打造出一个具备传统人文艺术气息的餐饮空间。

餐厅门口

　　设计师以大面积的中性色调作为整个餐厅空间的主调，配以静谧的孔雀蓝、沉稳的中国红、质感十足的金属色泽，烘托出整个空间的色调层次。质感间的统一、对比，和谐、跃动，都融于每一处细节，呼应了中式菜品在色香味形上的讲究，让就餐的仪式感油然而生。

设计公司：北京IN•X屋里门外设计公司

设计师：吴为、贾琦峰、刘晨阳、王晨熙

总面积：890m²

主要材料：水磨石、青砖

摄影：史云峰

总面积：８９０㎡
厨房面积：１７０㎡
餐桌数：３７桌
　一层：１８桌
　二层：１９桌
餐位数：１９０位
　一层：９２位
　二层：９８位
包间数：７间

一层平面布置图　　　　　　　　　　　　二层平面布置图

一层动线规划图　　　　　　　　　　　　二层动线规划图

服务动线	
就餐动线	

路径解析：

餐厅分上下两层，后厨工作主要集中在二楼，有独立的传菜通道，大厅楼梯主要服务于客户动线，尽量维护食客的体验和印象。上下层都设有卫生间，简化客人的移动路径。

专门的烤鸭房设在一楼，客人进入餐厅后就能观看烤鸭的出炉，增添美食的吸引力。

中央水景

一层中心区域

吧台

步入餐厅，一层主要作为公共空间，以散座形式存在，中心区域特别设置了中央水景，苍劲的迎客松、枯石傲立在雾气缭绕的水中，从松树上冒出的昂然绿色枝叶在迎接着食客的到来。同时也引申出空间的另一层涵义，寓餐饮于景观之中——陶冶心性。

在唐廊的各种装饰材料应用中，设计师通过形式感将青砖的质感层层呈现。

一层吧台部分依次排列的砖墙形成了强烈的秩序感；二层错落嵌入在金属仿铜框架之中的青砖，将经历过年代洗礼的斑驳城墙之感娓娓道来。

青砖的历史感运用到这里也隐喻了餐厅对饮食的古法传承。

二层青砖隔挡墙

二层公共就餐区

二层走道的装饰墙

通往二层的公用楼梯与吊顶

拾级而上，天花板上倾泻而下的"擀面杖"装置如山水连绵起伏，长长短短之间，充满趣味。二楼延续一楼的主色调，整体空间静谧而舒适，一侧靠窗的位置充分保证室内的光线，随着天花板艺术装置洒落而下，空间便框出一幅活色生香的画面。

二层墙面上吊挂了四幅江南木雕花板，是业主无意间收来的旧时精致之物，置于当下的现代环境之中，时空间的转变，带出更多的意味，也为空间中添加了怀旧之感。

二层 VIP 包间

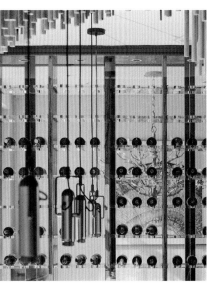

二层红酒架隔断墙

VIP 包间内部

二楼尽头的小型宴会厅，可用作聚会的场所，墙面使用了肌理漆，引入故宫红墙的掠影，那经过时间洗礼的砖红，将厅内的氛围渲染开来。退入公共区域，这一抹红墙也成为了调和二层整体空间色调的视觉重点。

红酒架采用的原木与透明亚克力制成，有序排列，使外隔断墙前后空间光影交错。

每个包间内部会通过软装呈现不同的时代感。这一间的墙体装饰使用了从旧建筑上拆除下来的花格门扇，保留了传统建筑的印记，又与现代空间设计形成了鲜明的对比关系。

KiKi 面馆

　　KiKi 面馆是来自中国台湾的品牌，老板之一是中国台湾演员舒淇，店面的室内空间设计概念来自传统建筑屋檐下的庭园，设计团队希望用现代的设计方法来解释传统建筑的空间逻辑。因此天花板上简洁的白色围合屋檐，下方的微型庭院景观，乃至卡座区的背景画面和座椅上的"山石"都体现出对传统庭院建筑的现代演绎。

餐厅入口

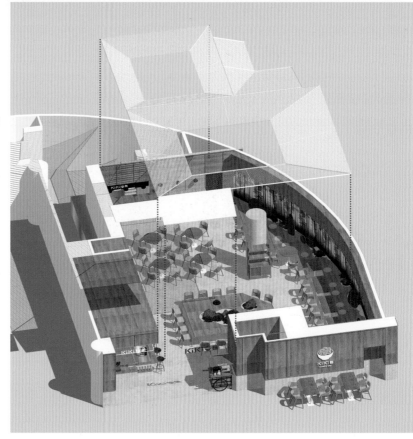

餐厅空间布局立面图

设计公司：古鲁奇建筑咨询有限公司

设计师：利旭恒、赵爽、许娇娇、张晓环

总面积：235m²

主要材料：木材、橡木、混凝土

摄影：鲁鲁西

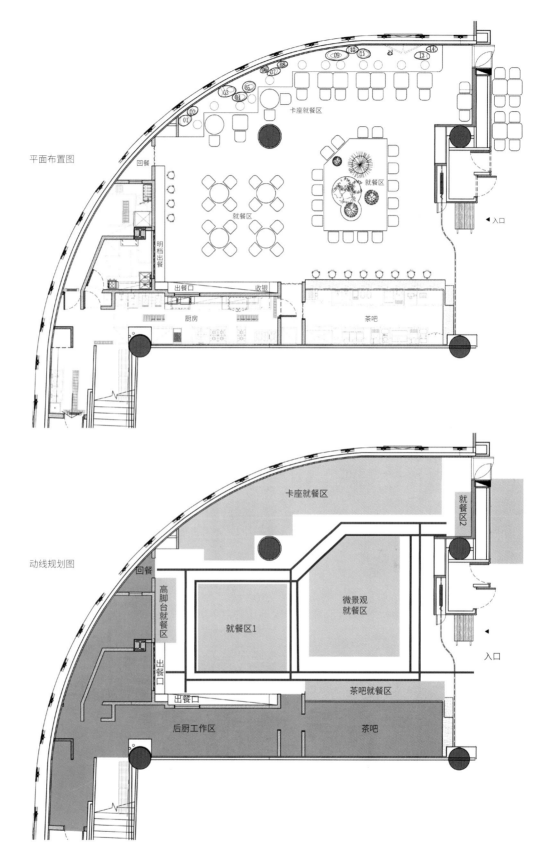

平面布置图

卡座就餐区

就餐区

就餐区

入口

回餐

明档出餐

出餐口   收银

厨房   茶吧

动线规划图

卡座就餐区

就餐区2

回餐

高脚台就餐区

就餐区1

微景观就餐区

入口

出餐口

出餐口

茶吧就餐区

后厨工作区   茶吧

服务动线

就餐动线

路径解析:

位于商城内的中小型餐厅有一个好处就是不用考虑卫生间的布局需求。店内动线的流动只需解决服务线和就餐线即可。

内部左侧和后部集中布置后厨工作区,餐食占据主体面积,集中布局在中央和右侧。服务动线和就餐动线集中在中央旋转。

餐厅入口左侧是茶吧,右侧是公共大餐桌。

KiKi 面馆门前最先映入眼帘的便是倾斜的白色屋檐下，简洁的 KiKi 茶吧与停放在入口的那一辆旧时台湾街头的煮面手推车。往里走，眼前正对着的是远处的面吧，忙碌的煮面师傅专心地在布帘后烹饪，满满蒸汽缭绕与忙碌的身影成为面馆不可或缺的一部分。

值得一提的是，厨房布帘的设计从多年前台湾的第一家店就开始使用，它代表着 KiKi 的初心，不管 KiKi 在世界的哪个角落驻足，最原始的想要做最好吃的面的初心不会改变。

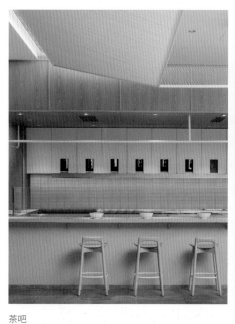

茶吧

半开放式面吧

位于餐厅中心位置的方形大餐桌，可以同时容纳下 20 位顾客用餐，而在餐桌的中间位置，是精心设计的微景观，即使是一碗面的时间，设计师也希望将心灵带到安静的山水远方。

再往里走在葱郁山林的壁画前是一排特别的卡座。鳞次栉比的"山石"替代了传统的沙发，成为卡座的靠背，与背后的山林相互呼应。

同时在功能上，这一处的空间是个弧面，设计师将其在视觉上依旧保持一个弧面的效果，如同全景的落地窗，将景色尽收眼底，但在使用上，卡座层层叠叠，又是一个个矩形的单元。

23°C不太冷 海南椰子鸡火锅

　　这是一家以海南椰子和文昌鸡为特色的火锅店。这类餐厅通常给人的店面印象都会是海风椰林，而设计师则希望一改这种常规的印象，以椰果为创意来源，采用纯粹的手法，营造出了充满想象和惊喜的餐厅环境。

　　进入餐厅立即就会被这个巨大的白色"洞穴"吸引，仿佛置身于一个个掰开的椰子，奶白色无序围合的三维曲面，如一片片诱人的椰肉，连绵如洞穴般的造型，浑然一体，让空间极具张力，从视觉和触觉上都在为客人提供不一样的体验感。

设计公司：上海艾获尔室内装饰设计有限公司

设计师：胡峻峰、钟银、胡金城、方元

总面积：345m²

主要材料：方管骨架、水泥粉刷、乳胶漆涂料、水性保护剂、爵士白地砖

摄影：金选民

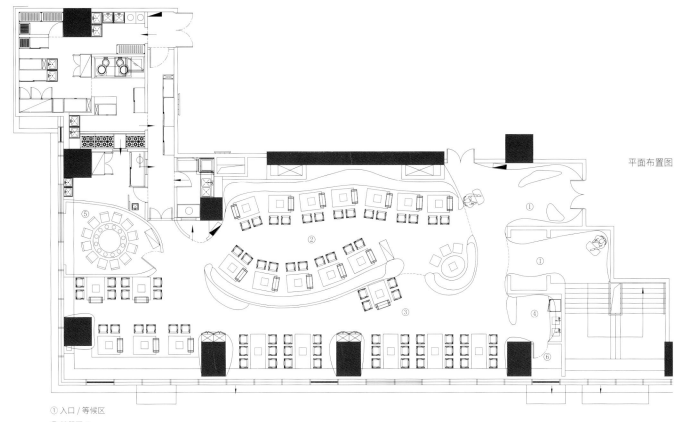

平面布置图

① 入口 / 等候区
② 就餐区 2
③ 就餐区 1
④ 收银兼水吧区
⑤ 12 人包房
⑥ 更衣间

路径解析：

该餐厅位于商城内，在布局上不需要考虑卫生间的位置，店内动线的流动只需解决服务线和就餐线即可。

内部的设计是有机的流动形态，进入后并不会一目了然地掌握到整个餐厅的情况，它需要客人在动线上去探索，也别有趣味。

服务动线

就餐动线

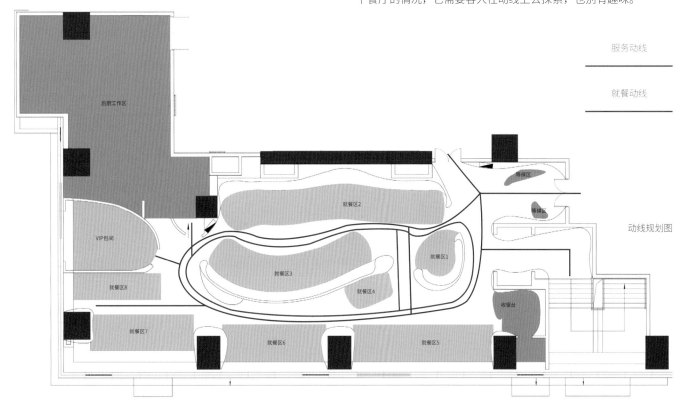

动线规划图

进入餐厅就是等候区，映入眼帘的先是投射在弧形墙面上的餐厅 LOGO，地面的投射灯把曲线墙面烘托得很有层次。

巨型鹅卵石造型雕塑椅静静地躺在角落，就像两颗洁白的椰果肉。

步入空间内部是连绵的洞穴造型，就餐区 1 为相对独立的座位，嵌入圆弧的墙面内，客户进入后有被包裹感。

就餐区 1

收银台

餐厅空间以一种通体洁白有机的形态呈现，经过特殊工艺处理的白色墙体给人非常环保和轻松的感觉，地板和桌面的爵士白大理石、处处用金色线条勾勒的桌椅，体现精致和质感。座椅的蒂芙尼蓝是唯一的色彩，点缀在白色空间里，宛如清凉夏日一缕凉爽的绿意。

收银台为方便实用性，采用平直的造型，和曲面墙体形成对比。

就餐区 4

就餐区 2、3

天花顶用枯树枝围绕顶灯做装饰。

就餐区 5、6、7

走道边上因柱子隔断为三段摆设餐桌。

VIP 包间

包间是圆形椰果的造型。

海敢小鱿鱼海鲜餐厅

小鱿鱼改造自一个旧工厂露台，独特的地理位置以及非常规的
空间原貌给予设计师足够的包容度进行创意设计。

作为扎根于闽南水土的餐饮品牌，不论是食材还是其本身的文化，
都与水息息相关。所以设计团队围绕着"水"的概念展开设计。位于空
间正中心的水景台，以景观的固定性以及水本身的流动性，一方面雕琢
着开放式空间的边界，另一方面又如同餐厅的动脉，借潺潺流水赋予整
个空间生命的活力。

餐厅正门

入口处灵活呈现切割状的空间体块，在进门
之初就冲淡了建筑的厚重感，如同一件充满
张力的现代装置艺术，以线条引导空间由外
向内逐层展演。

餐厅外景

设计公司：厦门方式设计机构
设计师：方国溪、谢晨阳、章祺昀、朱瑾
总面积：1200m²
主要材料：木、灰泥、石材、铜艺
摄影：金伟琦

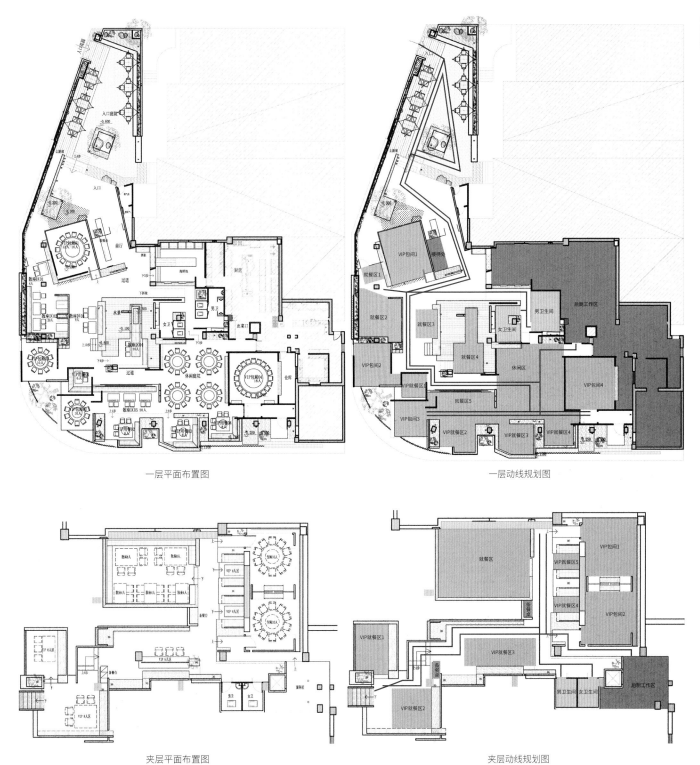

一层平面布置图

一层动线规划图

夹层平面布置图

夹层动线规划图

服务动线
_____

就餐动线
_____

路径解析：

餐厅内部空间层层叠叠，各个功能区域根据建筑结构呈现散点落差分

布，所以在动线路径上交错环绕，设计师根据这一特性，强化室内空

间美学的设计，弱化动线的复杂，将客人的关注放到美学体验上。

入口前台

架空的复层

餐厅内部是层高 4.6 米的大空间，进来后映入眼帘的第一视觉感受就是一个极简构成主义风格的架空小复层。而在这个复层的通道台阶下又隐匿着一个独立的下沉空间，景深幽邃，静候着到访的食客。

复层的下沉空间

中庭全景

用餐区灯光设置得较为柔和，暗调的光影在不经意处兀自渲染，营造出秘境般的空间观感，为每桌食客创造专属的私密空间。同时，交织而互不打扰的开放式区域空间又可以卸下人们的防备，让人能够在此敞开心扉，达到来访者借聚餐联络感情、沟通日常的目的。

前台流水型的吊灯、鲜红色小鱿鱼装置、不规则的吊顶此起彼伏、渔民捕鱼的渔篮罩灯、枯枝装扮的寒冬傲梅、走道边上黑色的山水剪影、园林式的内部窗口等，每一个细微处都呈现出对"静"的美学追求。

一层走道山水剪影

复层的备用区

复层

以黑白灰为主调，设计师以极简的构成主义手法将各种元素结构重组，创造出一个充满现代感而又不失中式美学韵味的餐饮空间。灯光的明暗转换，形式各异的餐桌座椅错落散布在空间内，以分而不隔的方式自然组合成不同的情境，在统一的美学气质下又有微妙的变化，大大丰富了食客的多维就餐体验。

Tang by Meeting Someone 创意餐厅

　　餐厅位于北京三里屯南区，优衣库楼的 4 楼，特点是有一个非常大的露台，可让餐厅分为室内和室外两部分。

　　餐厅的设计延续了 Meeting Someone 品牌一直以来坚守的"相遇"概念。设计师认为客人对 Meeting Someone 的认同，不仅是视觉形式上的，更是品牌传递的一种精神态度。空间设计作为品牌和客人之间的一个对话媒介，承旧迎新，每一次新餐厅的开业都是"相遇系列"新故事的起点。

　　餐厅以中西合璧的创意菜为主打，设计师以"敦煌石窟"这一东西方文化交汇的璀璨代表作为创意来源。在设计中，将敦煌壁画中的颜色、造型等元素符号提炼抽离，再次创作融入到本次餐厅设计的细节中，希望食客在这里不仅可以享受美食，还可以通过环境中的美学表现，启发人们更多的想象，吸引人们了解设计背后的源文化，创造属于自己独特的体验感。

室外就餐区

设计公司：AW+ Design Studio

设计师：刘晓陶

总面积：880m²

主要材料：肌理漆、艺术玻璃、仿古砖、马赛克、
　　　　　镜面不锈钢

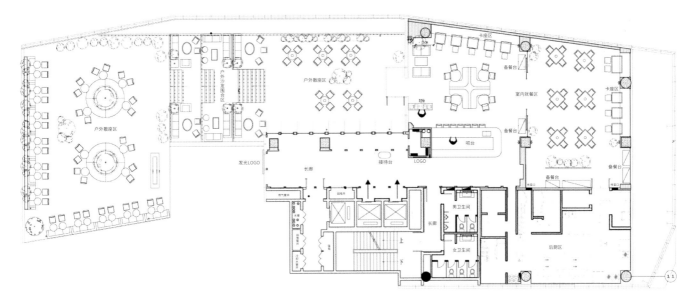

平面布置图

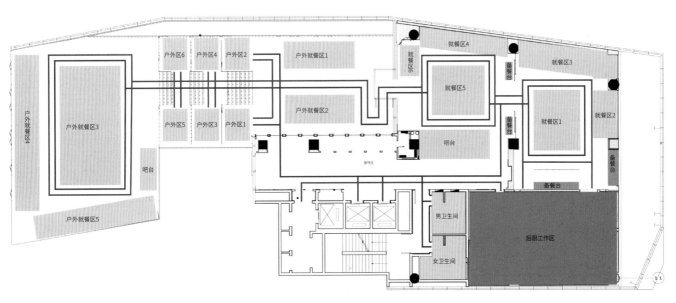

动线规划图

服务动线

就餐动线

路径解析:

空间分为室内和室外两部分,室内以餐饮为主,室外以酒吧为主。接待处左右两侧分设有通往室内和户外的门口进行分流,同时室内就餐区也有连接户外的出入口。

就餐区呈散点式布局,动线的设置室内、户外相互连通,服务动线出菜和回餐净污流线分开,并以屏风绿植等遮挡,尽量使用餐环境干净整洁有条理。

接待区走廊　　　　　　　　　　　　　　　　　　　　天花：石膏板造型　外廊门：不锈钢门套 + 彩色玻璃　墙面：绿色涂料　地面：地砖拼花

通过电梯上到 4 楼后，就会进入餐厅的接待区。作为过渡空间，笔直的走廊为经营预留多种可能性，如办小型展览、零售空间或单纯休闲等待区等。空间造型和色彩的运用上都参考了敦煌文化中的窑洞壁画的元素。圆拱形及简化后的藻井天花，在较为窄长的空间内重复使用同一造型和丰富的色彩，强化了空间的秩序感和层次感。自然光影的变化令人浮想联翩，产生较强的记忆点。

就餐区 5、4

就餐区 1　　　　　　　　　天花：石膏吊顶　墙面：肌理漆涂料　拱形门套：实木造型 + 涂料　地面：仿古砖　吧台酒架顶部：镜面不锈钢

室内就餐区的主墙面装饰形式借鉴了西方传统建筑中常见的花窗，使用彩色艺术玻璃结合木雕框架完成，所有花纹图案均由敦煌壁画里的云纹和宝珠纹变化而来，颜色亦源自敦煌壁画的互补撞色。不同尺寸的花窗似时间的齿轮，第一时间吸引了人们的注意力，加深了餐厅的记忆点。在就餐区 1 的吊顶上装饰有餐厅 LOGO 造型的波纹不锈钢。

户外上层就餐区，左边门口连接室内就餐区，右边绿色开门的门口则连接接待区。

户外中部 VIP 沙发区

户外下层散座酒吧区

室外就餐区有着三里屯一带少见的大面积露台，分为上中下三部分，上层靠近餐厅一侧的平台可作为就餐区和下午茶空间使用，中间为 VIP 沙发区，下层则为散座酒吧区。设计师通过大量地使用绿植，营造都市休闲风格，地面使用户外木地板，自由散布的地埋灯增加了夜晚的浪漫，树脂圆形座椅被灯光打亮，成为整个酒吧区的亮点。

夜景下，餐厅名称通过灯光投射到户外区域的地面　　　　卫生间走廊

走廊一直是 Meeting Someone 品牌的一个记忆点。通往卫生间的笔直走廊墙面装饰有餐厅 LOGO 造型的装饰灯，天花和墙面都采用镜面不锈钢。昏暗狭长的空间里，一颗颗花瓣般的 Led 灯光影影绰绰地反射于各个界面，好似浮在夜空里的闪烁星辰。

燃锅

　　寒冷的冬季使人们倍加期待春天到来时花瓣漫天飞舞的景色。在日本文化中，于春天在起舞的花瓣下用餐是一年一度的重要活动，人们称之为 hanami（花見）。这家位于北京朝阳区核心位置的高级日式火锅餐厅就以此为基础，希望借由设计营造出席坐花下的氛围。与随处可见的高级料理店内严肃庄重的气氛不同，以 hanami 为概念设计燃锅的氛围更为轻松随意，这也和 hanami 本身十分大众化有关。包间外立面用无数木雕刻具象化风的形态，木雕板内嵌有照明系统，将樱花花瓣的形状照亮，形成一幅樱花飘散的画面。

　　尽管空间中散落着很多盒子样的体块，它们紧凑且连续，远观十分有压迫感，但通过缩小空间内其他元素的尺度，在迈入内部后，给客人带来如漫步日本小巷一样的亲切感。

外观

随着太阳落山，反射到建筑立面的光照消失，于是这座由盒子组成的体块就在暮色中隐约浮现。宽敞的私人包间配有精致的木雕刻，即使在街上也难以忽视它的存在。

设计公司：odd 设计事务所

设计师：冈本庆三、出口勉、伍卓、赵艺、张艺萌、曹博

总面积：342m²

主要材料：木雕、钢化玻璃

摄影：广松美佐江、宋昱明

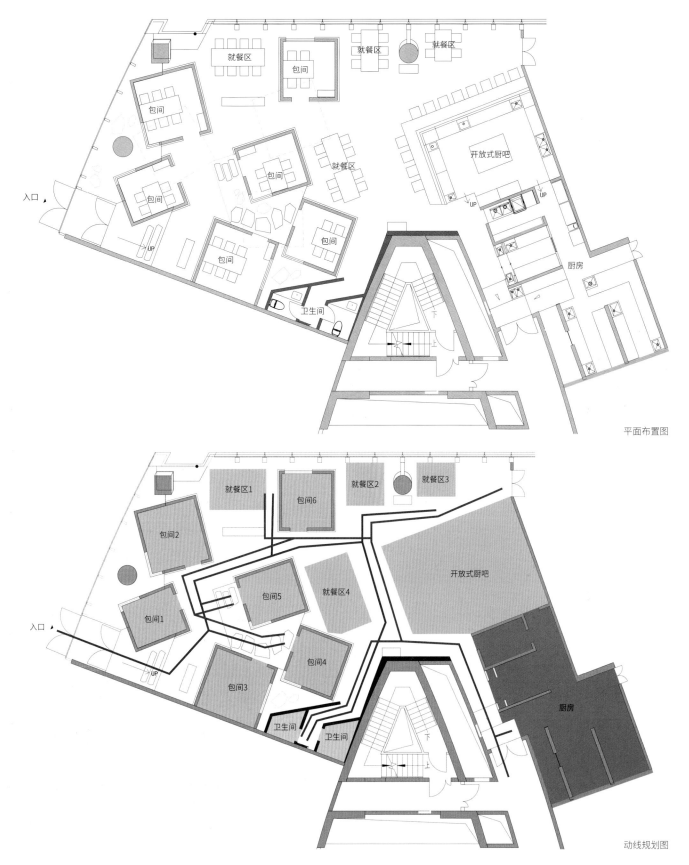

平面布置图

动线规划图

服务动线

就餐动线

路径解析：

私人包间和散座随机散落，形成一个错落的空间，动线随着它们的布局
展开移动。出入口做了明确的客人和服务生实用区分，两条动线通过不
同的入口在中间交汇。

在私人包间区，开放式厨房吧台和散座随机散布在包间周围。桌椅和置于包间入口处的微型花园穿插于包间的空隙中，以此来保证散桌客人用餐时的私密性。此外，有效利用挑高 8 米的天花，将其一分为二成上下两个方盒，下部为包间，上部空间隐藏了公共区域及包间的空调、通风设备，而插座则安装在较低的位置。

通过视觉的重叠和遮挡，私人包间的入口被隐藏起来，确保了用餐的私密性。堆积的盒子中不时出现特意留出的空隙，为走动中的客人带来多样的视觉感受。利用空间中的间隙，搭建出一个微型花园，用来作为私人包间的入口。

入口接待处

私人包间之间存在的公共空间

穿过私人包间后，视野将瞬间扩大，映入眼帘的是开放式吧台和散座区域。

172

从开放式吧台看到的包间景观

在私人包间上方，应用六种不同类型的木制品来模拟风的动态走向。

每个包间的天花板也是用玻璃制成的，在保证私密性的同时，又可以透过玻璃望到头顶似落花般的木制雕刻，为客人带来仿佛亲临 hanami 一样的愉悦享受。

私人包间

宙·SORA 日本料理

　　宙·SORA 是 odd 设计事务所设计的一个高档日本料理店，位于中国南京市万豪酒店一层。

　　外观景观采取传统枯山水造景，通过现代的材料和设计手法体现，周边镜面钢板，映衬中间的景观，仿佛整个景观悬浮一样。

　　内部就餐空间均为包间形式，由两间 8 人寿司包间，两间 6 人榻榻米包间，一间 8 人包间，三间 2 人包间组成，其中还有一间私密的威士忌酒吧。设计师尽力于每个独立空间中打造出不一样的亮点，让其彼此独立又统一于整体氛围。包间之间以日式枯山水景观分隔，丰富了空间的内外互动。每个包间配有单独观景窗口，给予客人别致的用餐感受。

餐厅门口处的枯山水景观

　　设计师通过对材料质感和工艺、灯光设置、日式传统符号和景观等的运用，创造出一个充满现代感而又不失日式美学韵味的餐饮空间。

设计公司：odd 设计事务所
设计师：冈本庆三、出口勉、李恒
总面积：550m²
主要材料：黑色水磨石、LED 灯光膜、天然石材
摄影：广松美佐江、宋昱明

平面布置图

服务动线

就餐动线

路径解析：

餐厅空间宽阔，各功能区域分散，路
线相对复杂，而寿司吧和酒吧都是
服务十分集中的区域，所以服务动
线虽然复杂但也影响不大。

设计师在餐厅内部强化景观美学设
计，弱化就餐动线的烦琐，增强美
学体验感。

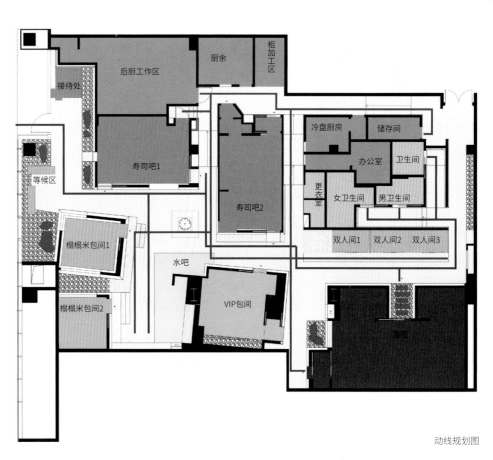

动线规划图

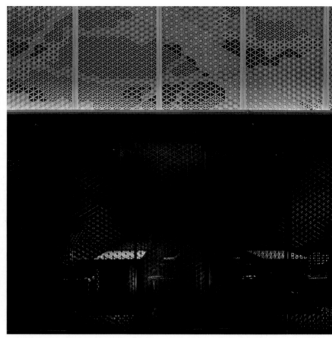

接待处，采用毛石打造，桌面抛光

二人间的木制日本云海图案镂空隔断

空间以黑色为主基调，但整体并不显沉闷，主要得益于设计师采用了丰富的材料和合理的灯光设计。大堂软膜灯光由两侧墙体延伸至天花，柔和的光线洒满整个空间。

公共区域墙体大部分为精致的镂空木雕花格，以日本江户时期云海为素材图案，排列形成一幅灵动的画面。利用空间的高度优势，水吧台与两人包间上方错落排布悬空盒子，表面赋予木质木花格云海般波澜壮阔图案，让整体更加丰富，灵动。空间内部天然粗糙的毛石墙面与精工细作的木花格形成显著的对比。

公共通道区域，在每个包间外都设置微景观，或枯山水或日式盆栽。

毛石的墙壁和现代工艺的材料形成强烈的质感对比

卫生间的走道，墙面采用抛光黑色瓷砖，顶部则是镜面玻璃，配以上下的灯光设计营造出一种深邃感。

公共区通往卫生间的走道,尽头灯光映射下的圆形装饰品透出日式的侘寂美感。

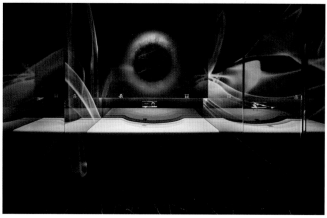

寿司吧 1

背景柜体花格雕刻，形成的图形纹样与整幅天然大理石花纹之间相互呼应。空间无须更多其他装饰，足以体现日料文化的纯粹和职人精神。

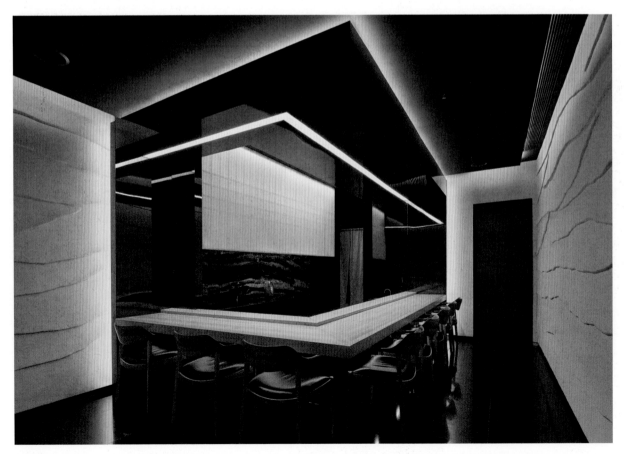

寿司吧 2

这里采用黑色镜面不锈钢，突出吧台的体量感。材料的反射，赋予空间更多鲜活的质感。而墙面柔动的线条肌理，中和了吧台的坚硬冰冷，凸显这个独立空间的小巧精致。

榻榻米包间 1

凹凸的天然花岗岩，让墙面层次更加丰富，质朴。通过墙体下部开设的窗口可以观赏到外部的枯山水景观。

榻榻米包间 2

空间的浅色肌理涂料与深色木饰面形成显著的对比，木质的地板也与墙面相呼应。

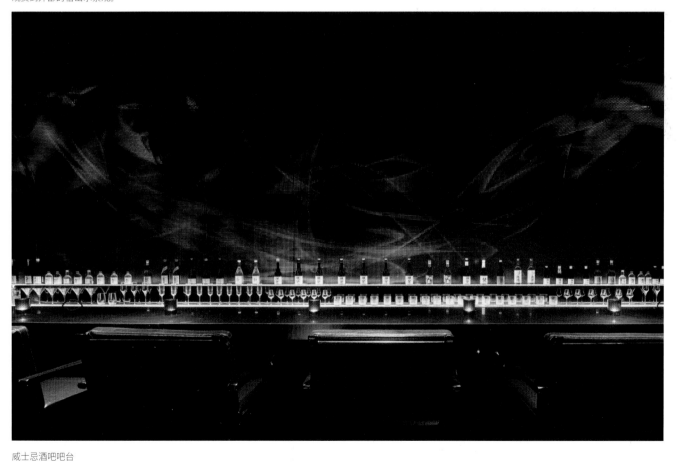

威士忌酒吧吧台

吧台处墙面特殊的图案造型搭配灯光设计，呈现出了烟雾缭绕的效果。光影变化制造空间的流动感，也赋予人一步一景的空间体验。两侧的镜面又使空间得以延伸。

琉璃·怀石料理餐厅

怀石料理由禅道发展而来，追求极致，表达食材本身，尊重自然，表现自然。而禅宗佛教自中国传入日本，其悠久的历史，远可追溯至盛唐时期，中日两国之间由此产生密切的交流联系。作为佛教宝物之一，明澈的琉璃寄托了人们的美好愿景。

在这样的背景下，设计更突出材料的真实感，采用传统制法与现代工艺结合的施工技艺，将场景营造为现实与历史交织的时空，"琉璃"是这夜空中洒下的熠熠光辉，希望能为来访的宾客制造一场与自然交感，与食材交感的美好邂逅。

餐厅入口

一面是精细的云纹组子细工花格板，代表日本传统技艺；另一面是自上而下的天然花岗岩石板，自然富有张力，隐喻蜀地多山的在地特色。

踏上餐厅入口，映入眼帘的立面是由日本传统的木工工艺——精细的云纹组子细工——为表面饰面，底墙则为手工夯土墙面，敦实，强调砂石的颗粒感，两者形成鲜明对比，愈显肃穆庄重。入口通道一侧则由炭化竹子饰面，漫步其中有渐入竹林深处之感。

设计公司：odd 设计事务所
设计师：出口勉、冈本庆三、方雪妮、邱俊巍
总面积：660m²
主要材料：艺术肌理漆、木饰面、和纸、达明墙纸
摄影：广松美佐江、宋昱明

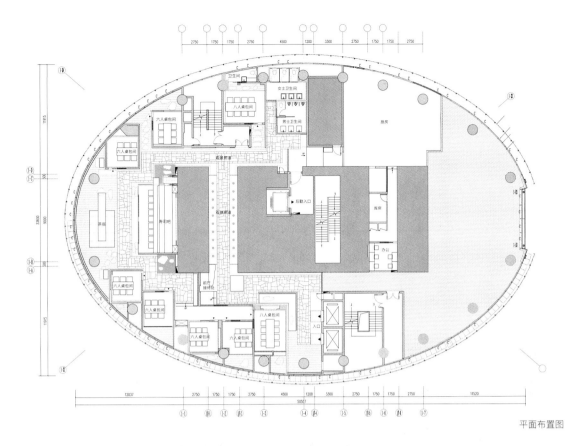

平面布置图

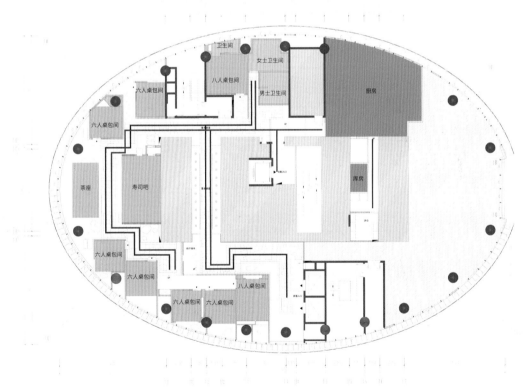

动线规划图

服务动线

就餐动线

路径解析：

空间美学设计充分地体现了日式禅意美景，设计师将就餐动线设计成观
景廊道，进入到这里三步一景，美食与美景交相辉映。

从餐厅入口开始，一路错落铺就板石小径。砂石敷沙代表水，石立其间代表山，其间饰以青苔。信步而作的枯山水庭园，沿着板石小径，穿梭于前厅、料理区及错落的独立包间之间。宾客可沿曲折宛转的路径，感受沿途不同的景致体验，抵达就餐区。

希冀美好祝愿的"水上灯"向两端无限延伸。

板前料理区作为餐厅唯一的半开放就餐空间。就餐台面为长达 8 米的桧木案板，与操作台面相持平，吧台背景为暖白色肌理墙面，通过明亮柔和的灯光增加层次感。极简的装饰使宾客就餐的同时，注意力集中于观赏主厨的专业操作。

寿司吧

日本食文化的美离不开对茶道文化的诠释。于是在用餐区的必经之处，以完全现代的做法诠释日本传统茶室，设计了一座浮于枯山水庭园上的光的茶座，叙说茶道与琉璃光影的对话篇章。宾客置身其中，可静思自省，探索景观。

茶座

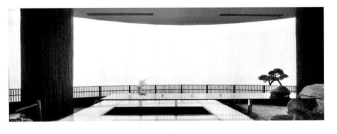

透过特制的和纸窗格立面，光影随时光流动如琉璃的光。随时间推移，由明亮日光转变成柔和的月光。宾客伴着月光，踏上归途。

183

就餐包间私密，井然有序地散布在空间的四周。包间对应原有的场地外界，自然形成的不规则
区域正好成为每个包间的独立景观空间，根据各个包间的设计风格，餐厅主理人与设计师共
同完成庭院小景。宾客在就餐之余，可感受不同的景致意趣，或极简侘寂，或枯淡静穆，或
碎石嶙峋，水声潺潺。

OOTOKU CHANG-AN

大德长安

　　大德长安是位于北京国贸 CBD 的一家高端日式烧烤店，面朝作为北京最重要的历史主干道路之一的长安街。长安即历史上唐朝的都城，现今中国西安的古名。公元 7 至 9 世纪，唐朝迎接了飞鸟和奈良时代的日本遣唐使，他们为了交流先进的文化及社会制度远渡来华。被认为是当今世界现存的最古老的木结构建筑、位于日本奈良的法隆寺，也是在这个历史时期建成的。

　　　　这次的设计灵感就来源于中日古文化之间的关系。

　　　　　大德长安的设计概念是在面朝长安街的室内空间中创造一个以日式美学特质枯山水景为特点的日本烧烤餐厅。

入口大门

大门的形象墙以菱形为基础元素，采用天然石块砌成，门板由废旧木板和钢化玻璃组合而成。体现出侘寂美学中对简朴、残缺、不完美的质感追求。

设计公司：odd 设计事务所
设计师：冈本庆三、出口勉、张凤
总面积：220m²
主要材料：黑色花岗岩、日本和纸、竹粒复合板
摄影：锐景摄影

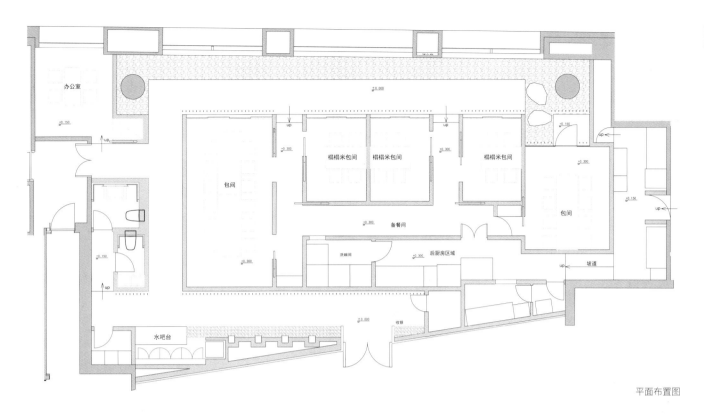

平面布置图

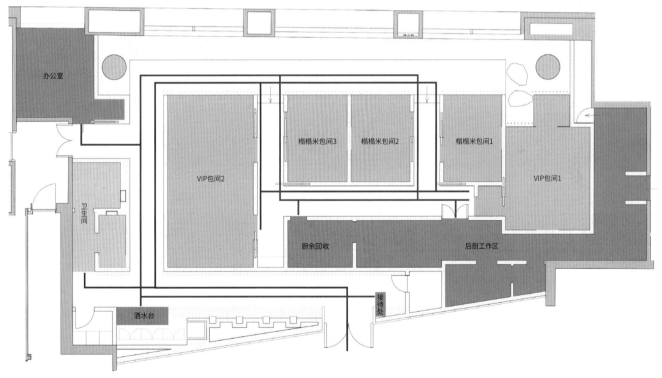

动线规划图

路径解析：

设计师将后厨和包间集中设计在一个区域内，能有效地提升服务的效率。

客人进入餐厅后，都需要通过一段距离的步行才能到达包间，在这个过程能体验空间中的美学氛围。

整个建筑由木制百叶包覆而成，内含 5 间斜屋顶私人包间。竖排百叶所形成的间隙既保证了餐饮空间的隐私性，又保留了对外部走廊的枯山水和 CBD 核心区的观景体验。

入口进来后左转的笔直走廊，左边是由实木条装饰的隔断墙，右边墙体由废旧木板组合装饰。

酒水台，台面由变化的黑、灰色大理石切割组合而成。背景的酒水柜通过木百叶若隐若现。

卫生间一角，可以看到洗手台由自然的石块掏空制成。

通往 VIP 包间和榻榻米包间的笔直通道，左侧是大面积的落地玻璃窗，可以看到长安大街的景致，玻璃窗下则是由小碎石铺设的微型枯山水，包间内的食客可以通过透明隔断和百叶间隔欣赏到。

斜角的天花板使用木材制作，并在下面铺设一层玻璃，既防止脱落伤人，又能让客人在用餐的同时透过玻璃体验建筑物本身的木制屋顶。

VIP 包间 1、2 的内部

"樱花隧道"拉面餐厅

这是一家日本拉面餐厅，餐厅平面结构为长条形，所以设计师以餐厅的名称"樱花隧道"为概念进行整体的空间设计。视觉表现上从纹理、色彩、气味等方面着手，创造出一个日本樱花盛开时走在樱花栈道和在樱花树下野餐的体验场所。

餐厅入口大门

圆形的入口就如同一条深邃的隧道般，门口和前台采用蓝色调，与餐厅内部的樱花粉形成鲜明的对比，增加了层次感。

设计公司：Span Design Studio

设计师：Sarah Lee、Joanna Fang

总面积：70m²

主要材料：蓝色纹理瓷砖、穿孔钢板、粉色纹理涂料、投影仪

摄影：Andrew Worssam & Jayden Huang

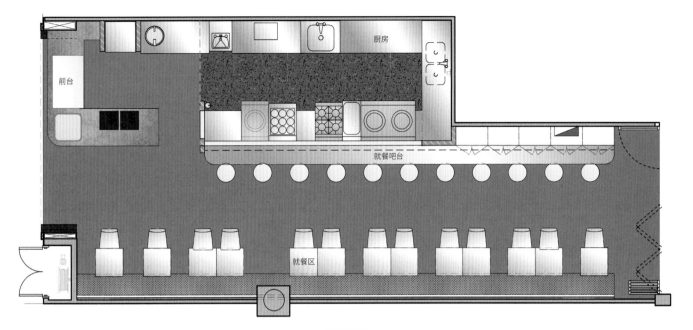

平面布置图

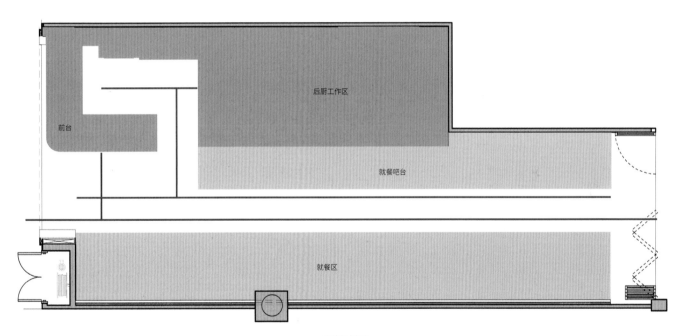

动线规划图

服务动线

就餐动线

路径解析：

餐厅空间结构简单，首尾前后门直线连通，餐桌的布局采用直线形布局，动线围绕着餐厅中间的一条主干道展开，设计的重点主要放在氛围的打造上。

左边就餐吧台，右边就餐区，以粉红色为主调

就餐吧台与厨房通过穿孔钢板分隔，并开有长条窗口。顾客能够观看到厨师制作美食的过程，也能闻到食物的香气。

为了突出空间中樱花的实景感觉，设计师采用投影设备，在粉红色的墙体上投射片片飘落的动态樱花，强化了"花道"的概念。

多种材质的对比应用，增加了餐厅的层次感。

面屋武藏

"面屋武藏"作为日本拉面界的殿堂级名店，此次落地杭州，由古鲁奇团队负责空间创意设计。

为了重现日本古代，日落时分挂满灯笼的老街的印象，设计团队以橡木为主要材料，在对空间进行功能划分后，使用简洁的线条去演绎作为该就餐区室内吊顶的日本建筑层叠屋檐。

整个餐饮空间现代简洁，但又带有一丝日式传统的韵味。

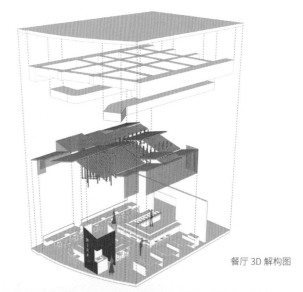

餐厅 3D 解构图

中央就餐台的微景观是餐厅的一大视觉特点。

设计公司：古鲁奇建筑咨询有限公司

设计师：利旭恒、赵爽、曹冲

总面积：115m²

主要材料：橡木、瓷砖

摄影：鲁鲁西

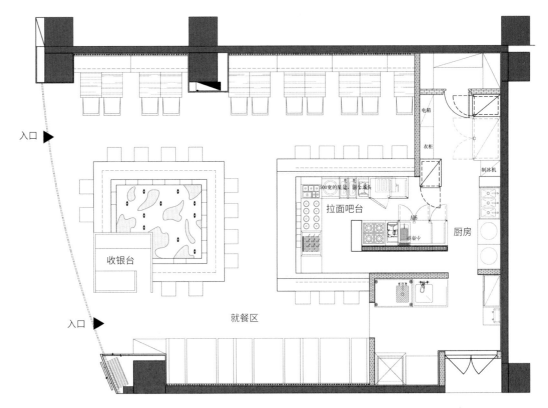

平面布置图

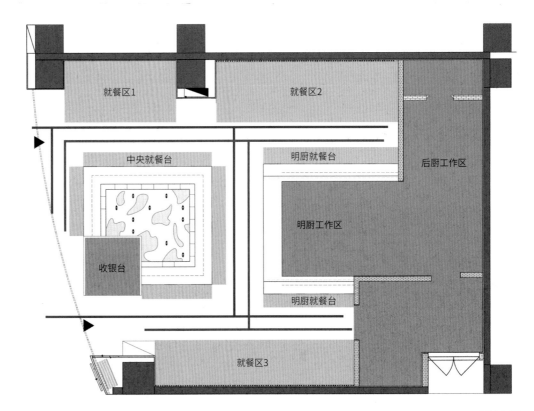

服务动线

就餐动线

动线规划图

路径解析：

位于商场内的小面积餐厅，开放式门口，动线呈"工"字形
展开，环绕整个餐厅。

中央就餐台，与收银台连在一
起，收银台的木板隔断涂黑漆，
便于区分。

进入店内最吸引眼球的就是中央的环形就餐台，设计师用苔藓与石
块营造出千山万壑的微景观，而这一概念来自日本的"枯山水"。
在一家面积不大的餐厅内，这样一个微景观不仅为空间的关系带来
生动的点缀，也让人与食物、与空间发生了更多情绪上的互动。

与大多数日本拉面馆一样，面屋武藏也采用了开放式的厨房，不同的是厨房与明厨相互隐现，横帘内热火鲜料地煮面使得食客多了一份期待，布帘外的明厨，厨师精湛技艺的展示，使得食客与食物和烹饪者之间多了更多的互动，或欣喜，或惊羡。

左边是就餐区 2，右边是明厨就餐台，厨房与就餐区的隔断墙贴蓝色瓷砖片，给素雅的空间增添一丝淡雅的蓝。

灯饰采用不规则的圆形,仿佛一个一个灯笼。

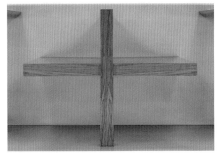

就餐区 3 的座椅采用"十"字形设计,节省空间。

樱久让日本怀石料理餐厅

一家日本怀石料理的环境是否具有吸引力，其实在进门的瞬间就已经决定了。

樱久让餐厅空间以樱花雨的爱情故事为灵感起源，以"樱"和"露"为切入点。在玻璃隔断中创造性地把樱花花瓣和露珠结合到一起，达到一种虚实结合、晶莹剔透的装饰效果，同时漫无边际的粉色樱花与金色和室形成对比。并在地板上嵌入粉色风光，使人仿佛进入了樱花的迷宫。

整个空间宛如一幅写意画卷，而每一位食客，都会成为画里的风景。

一楼公共区以及 VIP 包间 1 和通往二楼的楼梯通道

设计公司：上海黑泡泡建筑装饰设计工程有限公司

设计师：孙天文、曹鑫第、刘栋

总面积：140m²

主要材料：玻璃、涂料

摄影：Boris Shiu

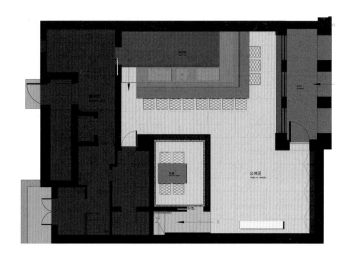

一楼平面布置图

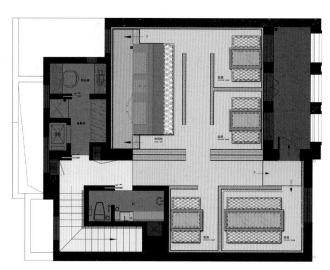

二楼平面布置图

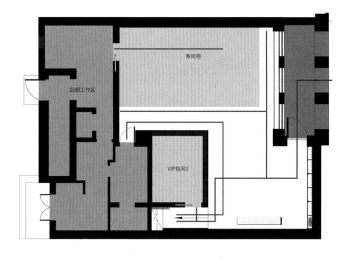

一楼动线规划图

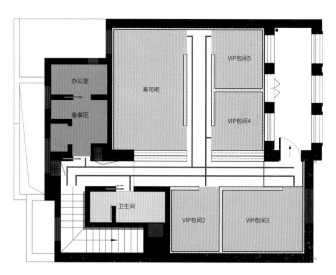

二楼动线规划图

服务动线

就餐动线

路径解析：

两个寿司吧和五间包间构成该餐厅的就餐主体，后厨和卫生间分别
设置在一楼和二楼。一楼留出宽大的前厅，动线路径轻松、明确。

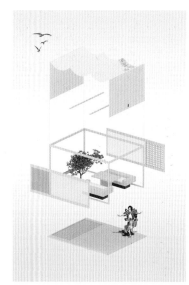
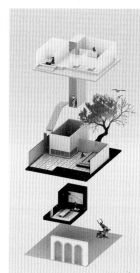

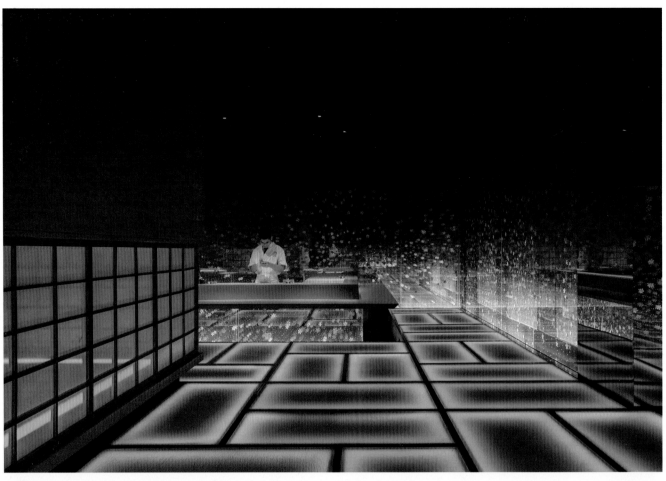

一楼寿司吧

一楼寿司吧

一楼 VIP 包间 1 内部环境

一楼公共区换鞋鞋柜

二楼的隔断墙全部采用樱花花瓣和露珠结合图案的玻璃，打破了日式餐厅给人普遍的以木质材料为主的空间感觉。

二楼寿司吧

二楼公共区楼梯通道

卫生间一角

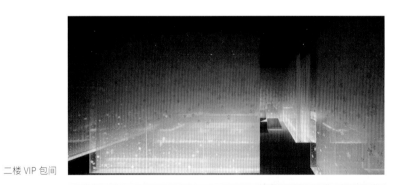

二楼 VIP 包间

二楼走廊

KOCMOC 咖啡店

　　这是位于莫斯科的苏维埃贸易和展览中心宇宙馆的一间充满活力和现代风格的童趣咖啡店——"KOCMOC"。设计师面临的挑战是，展览中心规模庞大，大理石地板和华丽的拱顶天花板很符合传统意义上的文化遗产建筑气息，能给灵感和创意提供很多发挥的空间，但是它并不适合用来设计儿童游乐场。

　　为了打破人们对宇宙主题的传统认知和常规的实现方式，设计团队以令人耳目一新的风格进行设计，采用了一些后现代孟菲斯风格的原则和模式，巧妙地将鲜艳的色彩和独特的元素设计成如悬空飞起的艺术品，与固有的印象、粗糙的体形和庞大的建筑空间形成强烈对比。在这一方案里，现代设计能很好地从简练的、未经雕琢的天花板曲线中展现出来。

咖啡店大门入口

设计公司：Sundukovy Sisters

设计师：Irina & Olga Sundukovy、Vera Belous

总面积：400m²

主要材料：玻璃纤维雕塑、有机玻璃桌面、石膏板

摄影：Vasily Khourtine

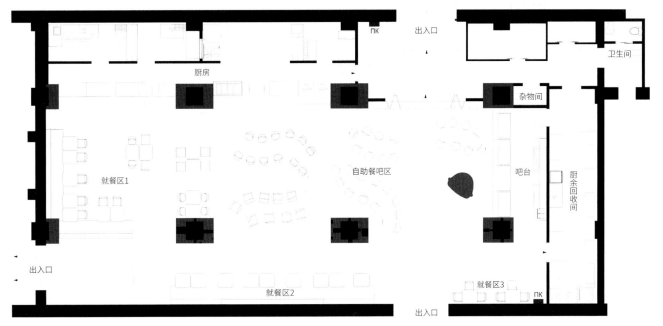

平面布置图

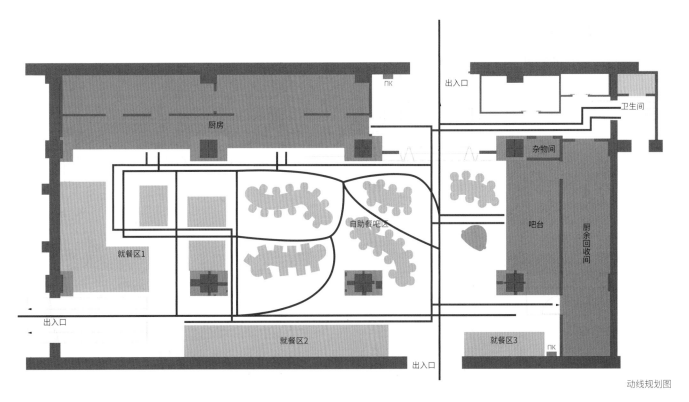

动线规划图

服务动线

就餐动线

路径解析：

因为定位是一间家长带孩子来的童趣咖啡店，欢乐性是它核心的表现。

所以动线的规划充分考虑店铺的特点设置就餐区和自助餐吧，形成规则和不规则两种就餐动线。

203

进入咖啡厅后直接就是自助餐吧区，而巨大的金色太空卡通艺术装置形象能第一时间吸引住消费者的关注力。

吧台在金色太空卡通形象身后。

团队想尽可能地保留这座文化遗产原本的样貌，并把原本被石膏板覆盖用来支撑空间的大柱子改造成带有律动感的圆弧形区域。

因此，团队其中一个要面对的难点就是保留原本的天花板，同时注入新的设计概念，例如一些艺术装置和灯光。

该区域划分为两个功能区——就餐区和自助餐吧区，目的是区隔客人，并帮助咖啡店的工作人员提供快速和周到的服务。此外，设计也加入了许多抓人眼球的图案（灵感来自孟菲斯设计风格）、生动有趣的椅子、形状特别的桌子，以及一个可爱的巨型艺术品：MirrorSlav，客人可以在这里留下自拍。

自助餐吧区

就餐区 3

漫画家

网易漫画和莓兽联名体验店

线上漫画和线下实体店的跨界联合，故有了一个专属的二次元小屋：漫画家。

既然是以漫画为主题，怎么少得了二次元文化的特征？在三维空间中，打破次元壁，塑造二次元文化属性，即为此次的设计重点。入口的树洞设计，正如链接三次元与二次元的时空之门，让人从进店开始，一秒跌入二次元。店内从墙壁墙纸图案设计，到软装沙发搭配，再到饰品摆件，犹如漫画书里任意的一角：网格点、黑

白线条、二次元人物等元素，无一例外，时刻充满着漫画手绘即视感，身在其中，仿佛走进黑白漫画格之中。下一秒，就成为漫画里的主人公，中二魂瞬间觉醒！

在这二次元小屋内，点上一杯野生莓果饮品，捧上一本莓兽连载漫画，梦一回漫画主角，隔绝三次元的繁杂与琐碎，再多的忧愁，统统抛之脑后，尽情享受这一刻的自由自在。

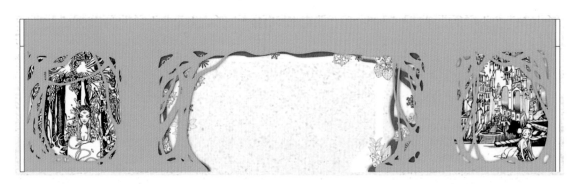

大门设计平面图

设计公司：杭州哈喽装饰
　　　　　设计有限公司
主创设计：9 号
设计团队：刘杰、刘永丽、
　　　　　王哲
总面积：880m²
主要材料：定制墙纸、
　　　　　密度板雕刻、
　　　　　PVC 雕刻

大门设计实景图

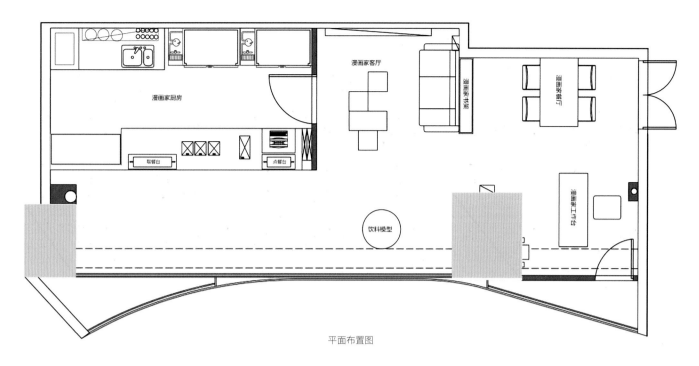

平面布置图

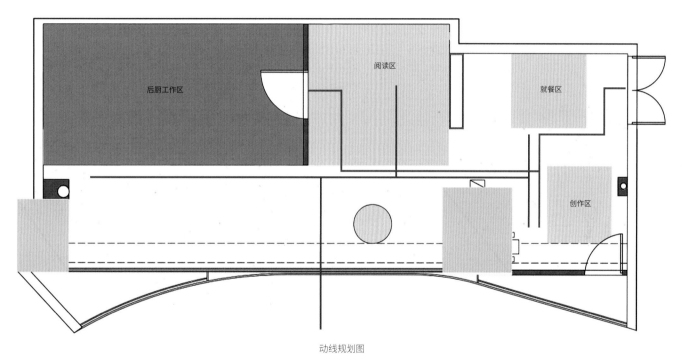

动线规划图

路径解析：

作为一个小型的体验店，就餐并不是唯一的目的。整体空间中划分了阅读、创作、就餐等区域。

因为是位于大型商场内的店铺，所以没有设置独立的卫生间，行走的线路大大地简化。设计上有意将消费者出入口和服务员的出入口做了独立区分，动线上简化交集频率，能更好地提升消费者的体验感。

消费者从大门进入，映入眼帘的就是左侧的餐食制作区，和右侧的阅读区。直接提示消费者来到这里可以在看漫画的同时还能品尝美食。

开放式后厨工作区域

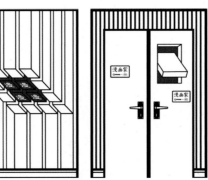
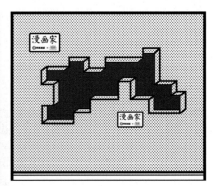

店铺中间阅读区

进入后厨工作区的门口平面设计图，采用漫画常见的黑白线条元素。 阅读区背景墙平面设计图，采用漫画创作中常见的网点元素表现。

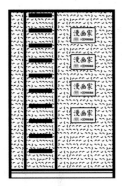
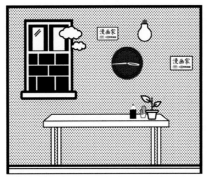
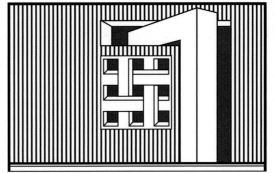
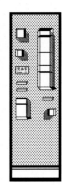

店铺内的墙面视觉设计平面图

店铺左侧为就餐区和漫画创作区，两个区域连在一起，设计元素全部采用漫画元素呈现。

YooYuumi 亲子餐厅

　　亲子餐厅是糅合不同人群社交需求的场所，设计师精心体察了家长与儿童心理感的差异性，在同一个空间内同时照顾到了成人所需的仪式感与儿童必备的娱乐性，打造出了一个以新式浪漫为基础，搭配东方式惬意十足的亲子餐厅品牌——YooYuumi。

　　白色勾勒出该餐厅空间的主色基调，设计师将花卉图样运用在家具软包与柜体等不同介质上，使空间不仅有了灵动的色彩，又引申出了一条明确的追随主线。

　　花纹用青花蓝重塑了绿植图案，强化古典的装饰美学。以主餐厅为中心展开的其余色块和拱形帷幔造型的结合运用，创造出一个经典欧式舞台的场景感。

前台接待与零售区

　　欧式门拱与中式剪纸的形式呼应，歌剧质感的撞色与雅致青花蓝的色彩衬映，浓郁的色彩对比与洒墨式图案的手法对冲，中西方美学韵味在此相遇，迸发出蓄满审美意趣的奇妙对话。

设计公司：唯想国际
设计师：李想、范晨、张文吉、陈雪、张正芳、杨慧燕、杨琼、侯燕君、方月
总面积：1000m²
摄影：邵峰

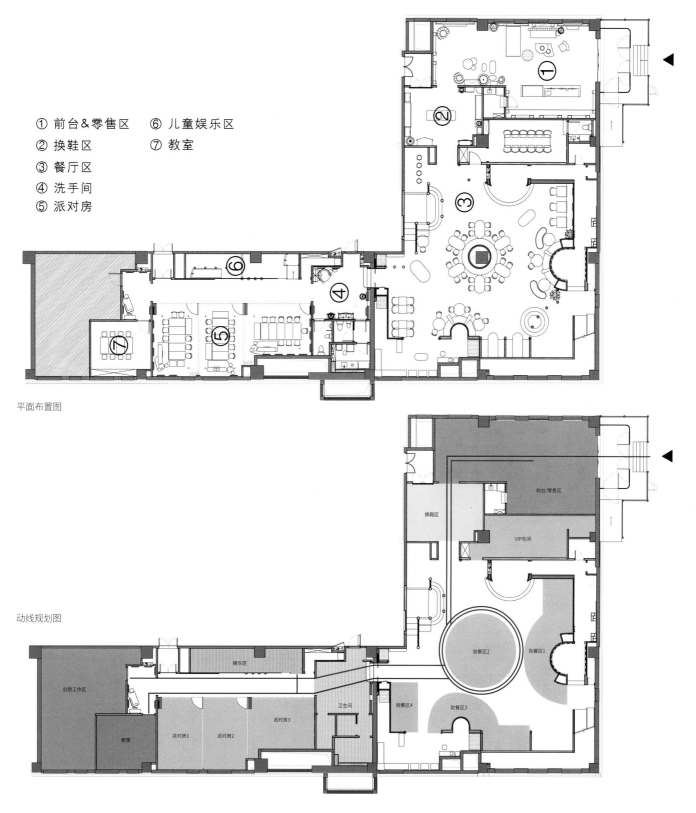

① 前台&零售区　⑥ 儿童娱乐区
② 换鞋区　　　　⑦ 教室
③ 餐厅区
④ 洗手间
⑤ 派对房

平面布置图

动线规划图

服务动线

就餐动线

路径解析：

作为亲子主题的餐厅，互动娱乐性的需求是被放大的，同时功能的区分也会比普通餐厅更加丰富。卫生间和洗手间设置在中间，考虑了前后两端的客人使用距离的方便性。后厨尽量远离其他功能区，避免小朋友在玩耍的时候影响服务动线。

换鞋区

就餐区中庭

前厅被赋予了接待、零售、休闲等复合功能，设计师用几组精心雕琢的橱柜与舒适的软包沙发打造出了一个优雅的会客厅。将椅子、茶几等家具用于陈设功能，让消费者如同做客友人家，欣赏主人精心挑选的日常亲子产品。前厅的装饰样式延伸至了换鞋区，犹如走近城堡的回厅，精美的大衣柜与展示柜用作鞋柜，既保障了隐私性，又充分照顾到消费者举止得体的心理需求。陈设方案的创新性在弱化功能目的性的同时，将客户的商业诉求糅合进了整体性的空间美感。

设计师运用西方贵族生活场景下的空间叠进仪式感，衬托出对空间客体展示出的优雅礼仪服务。

就餐区外围儿童娱乐波波池

就餐区

剧院舞会主题的餐厅区，桌椅仿照宴会厅错落分布地摆放，让视线被阻断的每个节点都能看到精美灵动的静物景致。设计师利用有限的层高，在餐厅区外围搭建出了城堡般的儿童娱乐区，设计了一条高低灵活多变的路径，串联起了小朋友喜爱的游乐设施。就餐区与外围娱乐区的布局分割出了空间内的不同氛围，不仅让家长们得以享受相对优雅的用餐环境，又在局部空间释放了小朋友嬉笑热闹的游乐场景，保证了不同人群的就餐体验。而在这里所有的家具、墙角等都是圆弧的、柔软的，能更好地保护嬉戏玩闹的孩子。

就餐区细部

卫生间的共用洗手台

对仪式感的追求更体现在卫生间的设计上。突破传统洁具的置放方式，设计师改造了古董衣柜以承载洁具，并设置了一隅幽雅的休息区，使后勤空间也不失浪漫优雅。

设计师运用建筑设计的思维，将中国传统剪纸手法用于西方美学线条，使家具及墙面造型像是从墙上翻折而出。

此设计手法不仅凸显出立体感，更丰富了空间的层次，从细节上圆满了艺术精致度和趣味性。

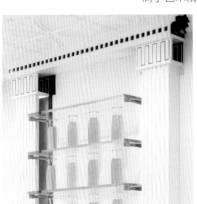

213

杭州星光奈尔宝家庭中心

项目位于杭州星光大道的二期临江面商城的地面整个一层，该项目的实施也是一次对商场未来定位走向的实验性论证。开发商为此清退一层原有的全部商家，并支持设计师使用一楼中庭空间。商城原来的定位格局在这一次的设计当中化零为整，并且对整个商场的面积重新定义其使用价值。

此次项目分为四个重要空间划分，并且附带多重分支附带空间，这样的规划取决于商场本身的建筑格局。空间划分是在对不同年龄层次的孩子们的兴趣与行为分析后设定的，其中也结合了对于亲子活动中除娱乐之外的其他教育、休息等行为。

项目美学概念来源于对功能情景化的归纳，不采取任何风格化的设计，只对色彩及构图做出统筹性整合。因项目地处杭州江边，所以创意来源于自然风光给予的美好启发。

入口处飞城

在主入口处，设计师设计了一座飞城，孩子们一进入这里就会立马被这个游戏的城堡吸引，产生共鸣。

设计公司：唯想国际

设计师：李想、任丽娇、陈雪、钱慧兰、范晨、潘行超

总面积：8000m²

摄影：邵峰

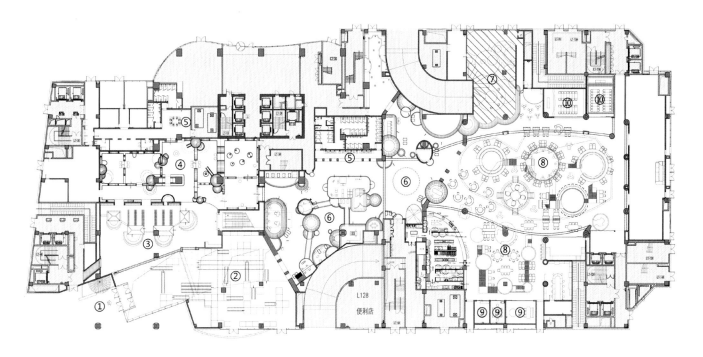

① 主入口　② 飞城　③ 前台　④ 图书馆　⑤ 洗手间　⑥ 模拟城　⑦ 蹦床区　⑧ 餐厅区　⑨ VIP包间　⑩ Party房

平面布置图

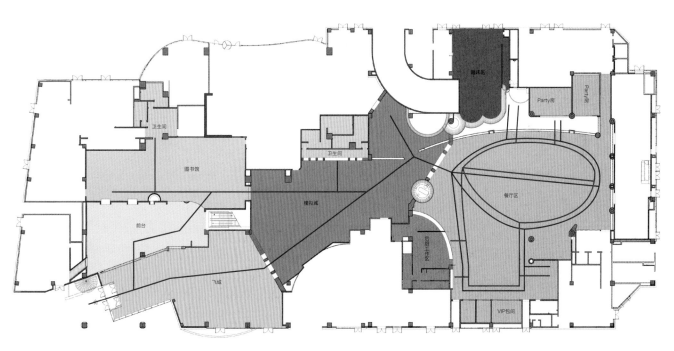

动线规划图

服务动线

就餐动线

路径解析：

作为复合性经营体，设计师对每个区域都做了明确的功能区分。所以即使空间巨大，依然不会显得混乱。动线的重叠主要集中在餐厅区，这里的空间是最大的，也是需求最集中的地方。

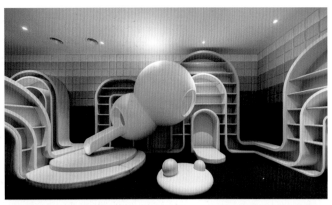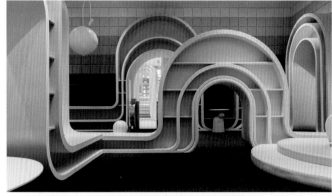

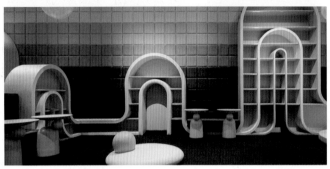

图书馆内部空间整体设计

图书区以彩虹与云朵为创意，表达雨过天晴后的绚丽景象，并用抽象后的构图完成书架功能以及孩子乐于实践的爬高和钻洞的娱乐功能。墙面粘贴软性的渐变色垫，书架、座椅等每一处都是特意定制的圆弧造型家具，以便孩子们在玩耍时得到更好的保护。

模拟城

模拟城的设计以石头为概念，创造了一个圆滑的虚拟城镇。在这里房屋、门窗、座椅全都是圆润的，拥有两层空间，上层的过道护栏采用透明围栏，也方便家长可以随时看到孩子们。

一层大堂的餐厅区

设计采用太阳伞作为创意概念，使空间具有视觉张力的同时也奠定了其使用功能的具体方位。旋转木马等休闲座位更为空间的氛围增添了烂漫的氛围。

模拟城里用于装饰的灯

餐厅区是一个集就餐、休息与娱乐于一体的复合区，坐落在商场的中庭位置，考虑到之后二楼及以上楼层的商场消费者可以直接观赏到此区域的设计，所以设计师把设计叠加到 3 层的高度，使原本空当的中庭位置充满活力与互动性。而在其他区域则穿插了玩水区域以及 Party 房区域。同时非常值得解读的是家具与灯具的造型，全部采用定制化设计与加工生产，使整体美学结构和色彩的搭配上从大到小完美得到控制。

NUCCO 亲子餐厅

　　梦幻、陪伴、美学，是设计团队希望 NUCCO 亲子餐厅能够呈现的特质。

　　在项目的设计中，设计师们没有采用特定的风格，而是对色彩和空间进行系统化的规划和整合。主色调采用白色、灰色、金色，搭配其他低饱和度的色彩，整体空间柔和、温馨，纽扣和卡通熊仔的元素在设计中随处可见，以创造出一个活泼、梦幻的空间环境。

餐厅沿街外观

结构分析图

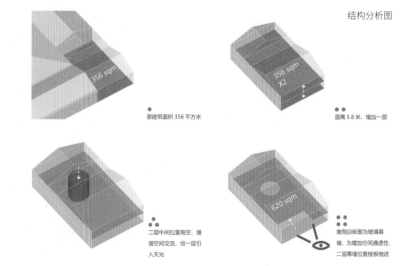

原建筑面积 356 平方米

层高 5.8 米，增加一层

二层中间位置掏空，增强空间交流，给一层引入天光

南侧沿街面为玻璃幕墙，为增加空间通透性，二层幕墙位置板缩进

设计公司：苏州子集品牌设计有限公司

设计师：张浩哲、金韬、季露、潘奕、高雪

总面积：620m²

主要材料：木饰面、编织地毯、玫瑰金不锈钢

摄影：张红旗

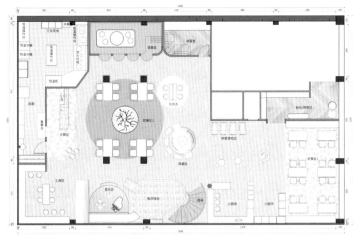

一层平面布置图

一层动线规划图

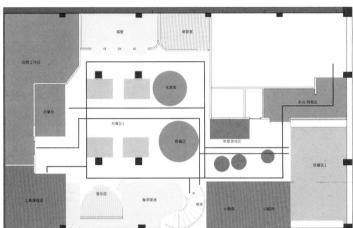

服务动线

就餐动线

路径解析：

餐厅附带的游戏功能是很重要的组成部分，所以餐桌的分布并不多，而各种游戏区域反而十分丰富。

孩子们游戏的时候是没有固定路线的，为了避免重叠影响，服务线和就餐线都尽量简化，各功能区域区分明确。

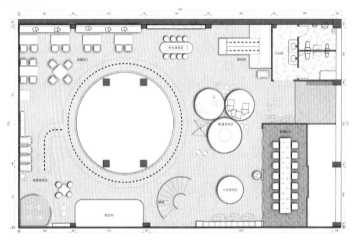

二层平面布置图

二层动线规划图

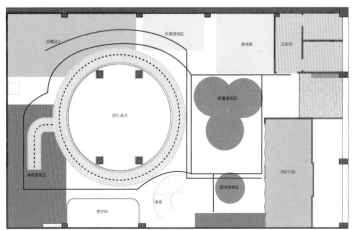

219

通过换鞋区进入餐厅内部，映入眼帘的就是一个大大的卡通熊，一下子就将孩子带入欢乐的游戏世界。左边是小厨房，右边是体感游戏区。卡通熊后方惹眼的金色旋转楼梯是通往二层的通道。

供孩子们游戏的小厨房

就餐区1，背景墙面装饰着嵌入绒面球体，可供孩子触摸挤压玩耍。地板使用六边形的瓷砖，方便打扫清理。

掏空的一、二层空间。

一层的城堡

餐厅层高5.6米，在二层中间位置掏空，与一层连通，二层的四周则用钢化玻璃围栏，这也是整个空间最特别的地方，在这里设计师以小鸟树屋的概念设计了一个旋转楼梯直通天顶，在树干上安装各色的鸟屋和星星，天顶则用镜面玻璃延伸视觉上的空间感。

同时在旋转楼梯四周安装装饰灯，趣味油然而生。

通过旋转楼梯上到二层，先会看到透明的帐篷游戏区。餐厅的屋顶是斜角的，设计师特意开出多个大面积的天窗，光彩明亮。

乐高游戏区

圆池游戏区，大量运用软包和圆角，柔软舒适，也避免孩子玩耍时磕碰受伤。

二层的 Party 房，门口也守卫着一只大大的卡通熊。整个空间的软装围绕着白、灰、金的设计基调，以简洁明快的桌椅器具和饰品为主，打造一个轻松明快的空间环境。

就餐区 3 一角

卫生间

Seabiscuit Kids Cafe 亲子餐厅

Seabiscuit Kids Cafe 海饼干亲子餐厅是一个将餐饮、娱乐以及社交相融合的商业综合体，设计师试图借助这个有限的空间，通过艺术化的设计和呈现，鼓励妈妈们走出柴米油盐的家庭束缚，通过观察、触摸、感受情绪的波动，与孩子一同体味变化中的规律，重拾生活的质感。

通过大胆的用色和清晰的空间规划，不仅满足了孩子尽情玩乐的需要，也兼顾了年轻家长时尚、放松的诉求。整体空间采用大量的弧线设计代替尖锐的棱角，柔软的皮面软包消弭了冷硬的触感。让客户既可以在各自的专属区域中游戏或用餐，又能在相互关联的空间结构中感受到彼此的陪伴。

前台与换鞋区

设计公司：无锡欧阳跳建筑设计有限公司

设计师：欧阳跳、周丹凤、李阳、姚运

总面积：460m²

主要材料：烤漆防火板、乳胶漆、水磨石、皮革

摄影：陈铭

走出电梯，便进入了海饼干的梦幻世界。开阔的前台和换鞋区域没有任何遮挡，大理石台面质感浑厚，与线条分明的灯饰相得益彰。整个空间以薄荷绿为主色调，搭配暖白色，呈现一种艺术感强烈，又不失摩登范的文艺空间。

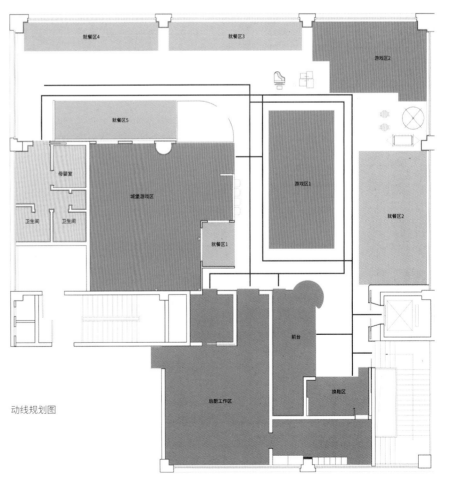

平面布置图

就餐区　就餐区　游戏区　就餐区　城堡游戏区　游戏区　就餐区　母婴室　卫生间　卫生间　就餐区　厨房　前台　换鞋区

路径解析：

餐厅的游戏区和就餐区呈散点式分布，后厨功能集中在一处，宽敞的通道，既顾及了服务线的安全性，也满足孩子们游戏跑动的需求。

服务动线分出餐口和回收口,各自分开,保障卫生需求。

服务动线

就餐动线

就餐区4　就餐区3　游戏区2　就餐区5　游戏区1　母婴室　城堡游戏区　就餐区2　卫生间　卫生间　就餐区1　前台　后厨工作区　换鞋区

动线规划图

前台右边即可看到餐厅前端的整体环境，图为游戏区 1，在白色的形象墙边放置一辆经典造型的单车，
呈现一丝温馨浪漫的气息。

左侧为游戏区 1，右侧为笔直通道，两侧为就餐区 3、4、5

靠近落地玻璃的就餐区 2

城堡游戏区，吊顶挂着一架装饰飞机。

城堡游戏区边上独立的圆弧小屋就餐区 1，家长坐在此处可以直接看到游戏的孩子。

就餐区 5 的背景墙上开了两个圆弧形的窗，直通隔壁的城堡游戏区，方便家长与孩子互动。

游戏区 2，是孩子们玩各种情景游戏的地方。

卫生间，1.2 米高的水磨石墙面，充分考虑卫生清洁需求。

进入餐厅内部，设计师没用丰富的色彩去吸引儿童的兴趣和关注，而是使用更为大胆的设计语言，墙壁和家具选用大面积的薄荷绿，搭配纯洁的亮白色与优雅的冰川灰，确立明亮凉爽的整体基调。再配上小朋友喜欢的五颜六色的玩具，既不单调，也不繁杂。

阳光透过屋顶的天窗，均匀照进室内，调节采光的同时，也为建筑与环境搭建了互动的桥梁。天花上造型迥异、层次分明的灯饰，所有不同的元素组合在一起，创造出一个时尚的、流动的空间。置身其中，沐浴着大自然的和煦微风，在温暖阳光下，让人愉悦放松。

透过透明玻璃幕墙，客人可以隐约看见窗外楼下川流不息的往来人群，又可在相对安静、私密的空间中享受亲子时光。

维塔兰德亲子餐厅

亲子餐厅作为近年来新兴的餐饮空间类型，有极大的市场空间，同时这一类餐厅基本都是旨在为儿童建造另一个与父母互动的场所。古鲁奇设计团队则将关注点放在家长身上，以此为出发点与维塔兰德合作打造了这家亲子餐厅。

"树屋"的概念贯穿了整个餐厅的空间设计，一个个散落在空间里的小房子构成了不同的儿童体验场所，与就餐的大堂形成半围绕的结构，空间疏密相互呼应。

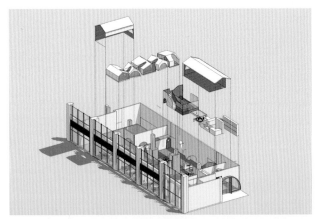

蔬菜与水果是餐厅的 VI 形象主体。一棵巨大的西蓝花在入口处以欢迎的姿态迎接到访的客人，原本是大多数小朋友最"畏惧"的蔬菜，一下子活泼可爱起来。

设计公司：古鲁奇建筑咨询有限公司

设计师：利旭恒、许娇娇、张晓环、赵爽

总面积：500m²

主要材料：木材、金属、皮革、木地板、金属窗、玻璃

摄影：鲁鲁西

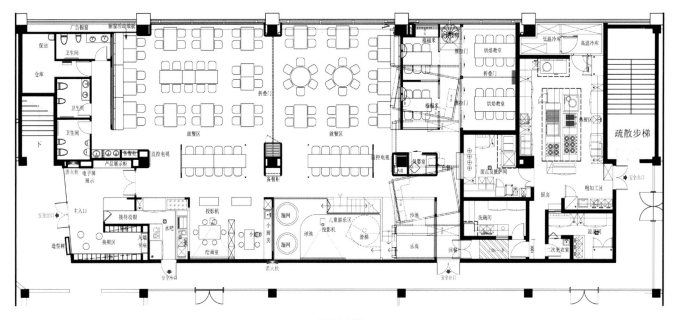

平面布置图

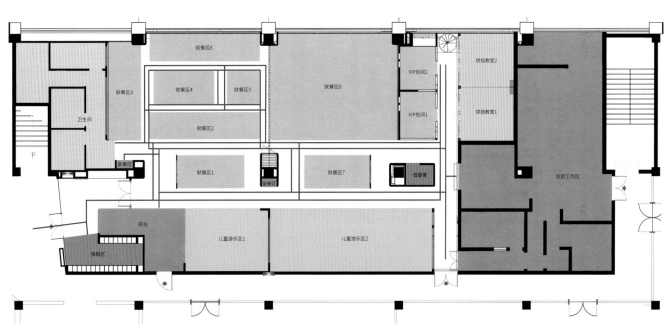

动线规划图

服务动线

就餐动线

路径解析：

卫生间和后厨分布于餐厅前后两头，中间区域用作就餐和
孩子们的娱乐空间，既考虑了卫生条件的需求，也尽可能
多地留出活动的空间，不至于过度交叉。

餐厅大堂

餐厅左侧就餐区 1

餐厅左侧就餐区 7

餐厅右侧与就餐区 1 对应的儿童游乐区 1

餐厅右侧与就餐区 7 对应的儿童游乐区 2

进入餐厅大堂，以框架构筑的小屋为界线，分隔了就餐区域、儿童体验的区域，分设各种不同场景的体验活动。左
手边是主要的就餐大堂，白色和木原色的空间基调配上天花飘浮的圆形光圈灯具，有一种天空中的梦幻感。

餐厅大堂中段的折叠门

大堂中段设计了折叠门，办派对的时候还可以一分为二成两个空间。

餐厅入口左侧就餐区 3

与就餐区 3 相隔的是卫生间，圆弧形的造型和彩色玻璃的隔挡墙与餐厅的风格一致，有趣。

餐厅尽头的树屋聚落区

木屋下层的 VIP 包间

大厅的尽头便是整个空间最有趣的树屋聚落。层错的小屋彩色的玻璃窗，玻璃的颜色不仅用来区分空间又与视觉系统相呼应。下层的小屋是包厢、儿童的休息室。而楼上层高不足 1.5 米的空间被设计成为又一不同主题的儿童体验空间，这个层高对于成年人而言需要弯腰才能进入，但是对于孩子而言却是恰恰合适且充满安全感。

烘焙教室，中间的隔挡门可以打开连通两间教室。

木屋上层的榻榻米休息室

设计采用清新、简洁的风格，更多考虑的是小朋友的使用。整个空间的设计，将目光投放在孩子对高高低低可以攀爬的空间比对五颜六色的地方更感兴趣的天性上，将空间打造得高低错落，试图营造出能让孩子们自娱自乐"野蛮生长"的场景，也可以让父母们有一空闲休息。

致　谢

该书得以顺利出版，全靠所有参与本书制作的设计公司与设计师的支持与配合。gaatii 光体由衷地感谢各位，并希望日后能有更多机会合作。

gaatii 光体诚意欢迎投稿。如果您有兴趣参与图书的出版，请把您的作品或者网页发送到邮箱 chaijingjun@gaatii.com。